KB163595

불안한 내 아이
심리처방전

민감하고 내성적인 아이를 위한 모든 것

불안한 내 아이 심리처방전

폴 폭스먼 지음 | 김세영 옮김

나는 스무 살 때 공황장애가 생겼고 37년 동안 이 증상을 앓았다. 오래전부터 고통스럽고 힘들었지만 내가 앓고 있는 증상의 이름조차 알지 못했다. 돌이켜 생각해보면, 나는 어릴 때부터 많은 스트레스를 받으며 불안해했고 어른이 되어서도 불안장애를 가질 위험이 컸던 것 같다. 자라면서 나는 불안증의 모든 증상을 보였지만 어떤 도움도 받지 못했다.

태생적으로 민감한 아이들은 외부 자극에 높은 스트레스를 받기 때문에 불안한 감정에도 쉽게 빠진다. 또한 내성적인 아이들은 자신의 감정이나 생각을 적극적으로 표현하지 않기 때문에 내면에 아무리 큰 불안이 자리 잡고 있어도 부모나 어른들이 알아차리기 어렵다. 그래서 폴 폭스먼 박사가 《불안한 내 아이 심리처방전》이라는 신뢰할 수 있는 책을 출간한 것이 얼마나 고마운 일이지 모른다. 이 책은 아동의 불안과 관련된 여러 가지 개념과 정보 그리고 쉽게 활용할 수 있는 다양한 치료법들을 소개하고 있다.

폭스먼 박사는 이 책에서 어떻게 하면 '불안해하는 아이'를 알아볼 수 있는지 가르쳐준다. 그는 아이들을 불안하게 만드는 스트레스의 원인들을 밝히고, '불안해하지 않는 아이'로 키울 수 있는 여러 가지 효과적인 지침과 조언을 제시한다. 또 불안 증상을 보이는 아이들에 대한 치료법들도 간략히 설명해주고 있다.

폭스먼 박사는 불안 치료 분야에서 그 권위를 높이 인정받고 있는 전문가다. 그는 예일대학교와 남부의 사립 명문 대학 밴더빌트대학교에서 공부하고, 내슈빌에 있는 케네디 아동 연구 센터와 샌프란시스코의 마운트 지온 병원 정신의학 병동에서 풍부한 임상 경험을 쌓았다. 또한 35년 넘게 심리치료 전문 클리닉을 운영하고 있다. 아이들의 불안을 다루는 섬세한 태도와 지혜는 이렇게 오랫동안 불안 치료 전문가로 일해 온 그의 개인적인 경험에서 비롯된 것이다.

나는 국제 불안 치료 단체인 CHAANGE(Center for Help for Anxiety and Agoraphobia through New Growth Experiences)의 전국협회 대표 이사로서 지금까지 폭스먼 박사와 함께 수천 명의 아동과 성인의 불안증을 치료하는 데 전념할 수 있었던 것에 자부심을 느낀다.

이 책은 아이들의 정서 발달에 올바른 영향을 미치고 스트레스와 불안을 줄일 수 있는 효과적인 방법들이 구체적으로 소개하고 있다. 부모는 물론 아이를 돌보는 모든 사람에게 이 책을 권하고 싶다.

_ 존 R. 폴른, 심리학 박사, CHAANGE 전국협회 대표 이사

불안이 아이를 아프게 합니다

심한 불안으로 고통받는 사람들에 대한 연구를 보면, 어른의 55퍼센트가 어린 시절 불안증을 겪었으며 이 중 31퍼센트가 10세 이전에 시작됐습니다.

오늘날에는 부모의 이혼, 가족의 붕괴, 끔찍한 범죄와 폭력, 약물 남용, 실패한 교육 제도, 연일 발생하는 테러 등 충격적인 사건들이 쏟아져 아이들에게 심각한 영향을 미치고 불안을 불러일으키고 있습니다.

TV와 영화, 게임에 난무하는 폭력적인 장면들은 아이들에게 직접적인 영향을 끼칩니다. 폭력과 스트레스가 심각해지고 안전이 위협받으면서 불안으로 고통받는 아이들은 더욱 늘어나고 있습니다.

불안은 세계적으로 가장 흔한 정서장애입니다. 불안장애로 고통받는 미국인은 3,700만 명 정도로 추정되며, 전체 인구의 25퍼센트는 살면서 언제든 불안증을 갖게 되어 전문가의 도움을 필요로 할 것이라는 연구 결과도 있습니다. 불안장애를 갖게 될 확률은 우울증과 약물 남용 같은 다른 정서적인 문제들보다 더 높습니다. 그러나 사람들은 불안이 병원을 찾게 만드는 가장 흔한 원인 중 하나라는 것을 잘 모릅니다. 불안해지면 수면장애와 소화장애(메스꺼움, 변비, 과민성 대장증후군, 설사 등)가 생기고 혈압이 높아지는 등 여러 가지 증상이 나타나기 때문에 신체적인 문제를 해결하려고 병원을 찾기 쉽습니다.

얼마나 많은 아이들이 불안감을 겪고 있는지 추정하기는 어렵습니다. 불안감은 눈에 잘 띄지 않고, 전문의들조차 그 심각성을 간과하거나 잘못 진단하는 경우가 많기 때문이죠. 그러나 전체 아동 중 10~15퍼센트는 불안장애 기준에 해당된다는 연구 결과도 있는 만큼 불안장애는 이제 가장 흔한 아동 정서장애로 분류되고 있습니다. 특히 아이가 남들보다 예민한 성격이거나 혼자 있는 걸 좋아하는 내성적인 성격이라면 주의 깊게 살펴보는 것이 좋습니다.

아이들에게 가장 많이 나타나는 불안장애는 범불안장애와 분리불안장애 그리고 특정 대상에 대한 공포증으로 전체 아동 중 3~6퍼센트 정도 영향을 끼칩니다. 사회적 불안장애(GAD)와 강박장애(OCD), 선택적 함묵증(특정 상황에 처했을 때만 말을 하지 못하는 증상)이 아이들에게 미치는 영향은 1~2퍼센트 정도입니다. 광장공포증(불안을 유발하는 상황을 회피하는 것)과 공황장애는 아이들에게 드문 편이지만, 불안해지는 것이 싫어서 학교에 가는 것을 거부하거나 사람들과 어울리는 것을 피하려는 아이들도 있습니다. 불안장애가 있는 아이들은 대부분 한 가지 이상의 장애를 갖고 있으며 우울증까지 갖게 되는 경우가 많습니다.

불안을 방치하면 점점 커집니다

아이들의 불안 증상은 간과돼 적절한 시기에 치료받지 못할 때가 많습니다. 별로 해롭지 않고 자라면서 없어질 거라는 잘못된 생각들을 갖고 있기 때문이죠. 하지만 아동과 청소년의 불안장애는 학교 출석률과 학습 의욕, 학습 능력, 기억력, 사회생활, 집중력과 주의력, 수면에 큰 영향을 미칩니다.

아동에게 나타나는 심각한 불안장애는 영향력이 커서 지적·정서적·사회적인 발달은 물론 신체 건강에도 문제를 일으킵니다. 학습장애가 있는 아이들은 대부분 불안증을 갖고 있으며 문제 행동을 보이는 아동과 청소년들도 스트레스와 불안에 시달리는 경우가 많습니다.

적절한 도움을 받지 못한 아이들은 어른이 되어서도 불안증에 시달리며 근육 긴장감과 통증, 소화장애, 수면장애, 면역 체계 이상 등 건강상 여러 가지 문제를 갖게 될 가능성이 커집니다. 극심한 정도까지는 아니더라도 정상 수준을 벗어난 불안증을 갖고 있는 아이들은 셀 수 없이 많습니다. 부끄러움을 심하게 타고, 내성적이고, 성격이 예민하거나, 감정 표현을 꺼리는 아이들, 또 불안증을 우울증이나 과잉행동, 신체 질환으로 잘못 알고 있는 경우도 이에 해당됩니다.

불안증이 방치되는 기간이 길어지면 신체적·정신적·사회적·학문적으로 심각한 문제가 발생할 위험이 높아집니다. 초기에 감지해서 적절한 개입이 이뤄지면 불안증이 있던 아이라도 정상적으로 발달할 수 있고 아무 문제없이 생활할 수 있습니다.

하지만 안타깝게도 불안감이 신체 증상의 원인이라고 생각할 수 있는 부모는 많지 않으며, 보통의 의사들 역시 마찬가지입니다. 혹시 알았다 하더라도 치료에 대한 지식이 부족한 경우가 대부분입니다.

나는 아이들을 돌보는 모든 사람을 위해 이 책을 썼습니다. 부모는 물론 학교 선생님, 어린이집 교사, 의사, 간호사, 학교 상담교사, 심리치료사, 아동 보호 단체 직원 그리고 경찰까지도 아이들의 불안에 대해 알게 되면 많은 도움이 될 수 있습니다.

예민함에 가려진 신호를 읽어야 합니다

성인의 불안감은 거의 대부분 어린 시절에 기인합니다. 불안증을 갖고 있는 어른들은 어릴 때 초기 신호를 감지하지 못한 경우가 많습니다. 즉, 어릴 때도 그런 조짐이 있었지만 그 사실을 깨닫지 못하고 치료도 받지 못해서 성인으로까지 이어진 것입니다. 불안증을 가진 아이들은 예민한 성향을 가지고 있습니다. 이런 성향을 부모들은 '민감하다'거나 '내성적이다'라며 성격적인 문제로 생각합니다. 아이가 예민해서 '겁'이 많거나 '수줍음'을 많이 타더라도 좀 더 나이를 먹고 자라면 해결될 거라고 속단합니다. 그러나 근본적으로는 이런 아이의 마음속에 자라고 있을 '불안'을 해결해줘야 합니다.

이 책을 통해 예민한 아이들에게 나타나는 불안의 증상과 원인을 파악하고, 앞으로의 불안을 막을 수 있는 방법들을 알려주고자 합니다.

부모와 전문가 또 아이 자신이 불안감을 줄이고 자존감과 긍정적인 사고, 사회성을 높이는 기술을 익힐 수 있는 지침과 정보들을 담았습니다.

이 책은 크게 세 부분으로 이뤄져 있습니다.

제1부는 정상적인 불안과 불안장애의 차이, 아이들에게 주로 나타나는 불안장애의 유형, 불안해하는 아이들이 갖고 있는 여러 가지 특성을 설명합니다. 또 불안과 관련된 주요 개념들을 소개함으로써 아이들이 왜 불안해하는지 이해하도록 돕고자 합니다.

제2부에는 불안감을 일으키는 핵심적인 원인들을 살펴보도록 했습니다. 가족(학교 성적에 대한 압박, 이혼, 훈육 방식, 가족 간의 스트레스, 부모의 불안 등)과 사회(위험한 환경, 자연재해, 상업주의 등)가 미치는 영향들이 여러 장에 걸쳐 설명돼 있고, 테러와 전쟁, 대중 매체의 영향(TV, 게임, 음악, 인터넷), 학교와 관련된 문제들도 자세히 다뤘습니다. 또 각 원인들에 대처할 수 있는 구체적인 방법들도 덧붙였습니다.

제3부에는 심리 치료, 현대 의학, 대체 요법 등 전문가가 개입해서 불안을 치료하는 여러 가지 방법을 소개했습니다. 적절한 도움만 받으면 불안장애의 치료 성공률은 80퍼센트에 달합니다. 언제, 어떻게 전문가의 도움을 구해야할지도 설명했습니다. 마지막 장에는 내가 직접 치료해서 성공한 사례들을 소개했습니다. 각 사례마다 여러 유형의 불안장애와 치료 기법들이 골고루 포함돼 있습니다.

불안이 사라지면 자존감과 사회성이 자랍니다

불안해하는 아이를 치료할 때 아이에게서 느껴지는 특별한 뉘앙스와 개인적인 사정을 세심하게 들여다볼 수 있게 된 것은 내 자신이 불안 장애를 겪은 경험이 있기 때문입니다. 어릴 때부터 외상후스트레스장애(PTSD)와 범불안장애를 포함한 여러 가지 불안 증상을 갖고 있었습니다. 어른이 되어서는 광장공포증을 동반한 공황장애를 앓았고요. 이처럼 심한 불안장애를 갖게 된 것은 어릴 때 겪었던 많은 일들 때문입니다. 나는 폭력과 인종 차별 문제가 심각한 뉴욕의 우범 지역에서 자랐고 부모님은 내가 어릴 때 이혼했습니다. 친구 아버지로부터 성적 학대를 받았으며 죽을 뻔한 적도 있었습니다.

오랫동안 나는 굉장히 예민해서 마음 편히 있어본 적이 거의 없었습니다. 불안한 마음이 들면 공부에 몰입하거나 친구들과 어울리는 것에 관심을 돌리곤 했죠. 나는 완벽함을 추구하고, 통제 욕구가 강하고, 성취욕이 높았기 때문에 늘 많은 스트레스를 받았습니다. 어릴 때부터 청소년이 될 때까지 내면에 존재하는 불안감을 꼭꼭 감춰둔 채 외향적이며 자신감 넘치는 아이로 행동하며 살았습니다. 고등학교 육상 팀주장이 되고, 졸업 앨범 편집을 맡고, 예일대학교에서 우등생으로 꼽히고, 심리 분야에서 선두적인 위치에 오르게 되는 등 외부 세상에서 성공하면 할수록 불안감을 감춰야 한다는 내적인 압박감은 더욱 심해졌습니다.

내가 불안감을 이겨내고 극복하는 데 도움이 됐던 방법들을 모두 이 책에 담았습니다. 마음을 편히 갖는 법을 배우고, 운동이나 야외 활동을 하고, 건강한 식습관을 갖고, 자신의 감정을 솔직하게 표현하고, 불안을 유발하는 개인적인 특성을 다스리고, 부정적인 생각과 걱정을 긍정적인 것들로 바꾸는 연습들이 다 그런 방법들입니다. 아이들에게도 충분히 사용할 수 있는 방법입니다.

개인적인 경험 외에 심리학자로 일한 30여 년 동안 나는 주로 불안장애 치료에 몰두해왔습니다. 그러면서 어른이 되어 불안장애를 갖게 된 사람들은 대부분 어릴 때 학교를 두려워하고, 예민하고, 내성적이고, 사회적인 불안이 심하고, 사람들 앞에서 말하는 것을 꺼리는 등 일찌감치 그런 조짐을 보였다는 것을 알게 되었죠. 또 수많은 아이들을 치료하면서, 초기에 적절한 개입이 이뤄지면 불안감이 해소돼 아무 문제 없이 행복하고 성공적인 삶을 살 수 있다는 것도 알게 되었습니다.

불안은 대개 어릴 때부터 시작되지만 언제든, 또 어른이 되어서도 극복할 수 있습니다. 초기에 발견해서 치료하면 자존감과 긍정적인 사고방식을 갖고 자신의 능력을 최대한 발휘하며 살 수 있는데, 왜 아이들이 그토록 오랫동안 불안에 시달려야 할까요? 아이들이 불안을 이겨내고 즐거운 삶을 누리는 데 이 책이 많은 도움이 되길 바랍니다.

차례

제1부 **아이가 불안을 느낄 때**

제1장 **불안이란 무엇일까**

제3부 아이의 불안, 어떻게 없애줄까

정상적 수준의 불안과 문제가 있는 불안은 어떻게 구분할 수 있을까?

먼저 불안감을 이해하는 데 꼭 필요한 중요한 개념들을 알아보자. 대다수의 아이들이 겪는 정상적인 불안과 장애로 볼 수 있는 불안을 구분하는 것도 중요하다. 그리고 투쟁 도주 반응(fight or flight reaction), 또 그 반응이 불안증 및 두려움과 어떻게 연관돼 있는지 밝힘으로써 불안증에 관한 생물학적인 측면도 간략하게 언급하겠다. 뿐만 아니라 '불안의 3요소'를 통해 불안감이 아이의 발달에 어떤 영향을 미치는지 알아보겠다.

아이를 불안하게 만드는 환경적인 스트레스와 위협 요인 그리고 불안장애를 겪는 아이들에게서 일반적으로 나타나는 특성들도 미리 살펴볼 것이다.

제1부

아이가 불안을
느낄 때

불안이란 무엇일까

살면서 가끔 불안감을 느끼는 것은 지극히 정상적입니다. 사람은 누구나 불안해할 때가 있고 어릴 때는 특히 더하죠. 어린 시절 부모와 떨어질 때, 학교에서 시험을 볼 때, 반 아이들 앞에서 발표를 할 때, 면접을 볼 때 느끼는 불안감은 모두 정상적인 것들입니다. 적당한 불안감은 이런 힘든 상황을 극복하도록 자극해 도움이 됩니다. 하지만 불안감이 해소되지 않고 계속되거나 지나치게 심한 것은 정상이라고 할 수 없습니다. 일상생활에 지장이 있을 정도라면 전문가의 도움이 필요할 수도 있습니다.

대체 불안이 뭐길래 아이를 힘들게 할까요? ___

불안에 대해 알아보기에 앞서, 관련 용어들을 먼저 알아보겠습니다. 이 핵심 용어들은 서로 통용되는 경우도 많지만 몇 가지 중요한 차이점이 있습니다.

🌼 **두려움 :** 현재 명확하게 닥친 위험이나 위협에 대해 일으키는 본능적인 반응

불안 : 앞으로 닥칠지 모를 위험이나 위협을 걱정하거나 우려하는 상태

놀람 : 갑작스럽게 닥친 위험이나 위협 때문에 느끼는 두려움

스트레스 : (긍정적이든 부정적이든) 적응이나 변화를 요하는 모든 상태

두려움은 생존 본능의 일부입니다. 생명을 위협하거나 위험한 상황에 맞닥뜨리면 우리는 자동적으로 '투쟁 도주 반응'을 일으키게 됩니다. 이 반응은 순간적인 판단으로 특정 상황에 맞서서 투쟁할 것인지 그 상황을 피해 도주할 것인지 결정하게 합니다. 뇌의 생존 센터라 할 수 있는 '청반(locus ceruleus)'에서 자신을 지키기 위해 이런 방어적인 반응을 하게 만드는 것이죠. 그리고 여러 가지 화학 물질(아드레날린, 노르에피네프린, 부신피질 자극 호르몬, 세로토닌 등)이 분비돼 전반적인 체계가 활성화됩니다. 즉, 싸우거나 도망갈 준비를 하기 위해 근육을 긴장

시키는 것, 신체에 산소를 더 많이 공급하기 위해 심장 박동이 빨라지는 것, 시력과 청력이 집중되고 예리해지는 것, 산소 공급을 돕기 위해 호흡이 가빠지는 것, 자신을 보호할 자세를 취하는 것 등이 있습니다. 위협이 가해지면 우리는 이런 반응을 통해 에너지를 비축하고 자신을 지킬 준비를 합니다. 이런 반응은 생각해볼 겨를도 없이 일어나며 일단 시작되면 쉽사리 사그라지지 않습니다.

아이들도 두려움을 느끼면 어른과 같은 신체적·정신적 메커니즘을 통해 생존 반응을 일으킵니다. 그런데 이런 반응들이 자주 부딪히는 위협적인 상황과 스트레스 때문에 만성화되면 증후군 단계로 이어져 집중력 부족이나 기억장애, 피로, 신체적 통증, 불안 및 공포증을 일으킬 수 있고 좀처럼 긴장을 풀지 못하게 됩니다. 또 매사에 의욕이 없거나 성적이 떨어지기도 하고 사회성에 문제를 보이기도 합니다.

불안은 두려움과 관계가 깊습니다. 하지만 두려움은 명백한 위험이나 실질적인 위협이 있을 때 나타나는 반응인 반면 불안은 위험이나 위협이 인지될 때 나타나는 반응입니다. 다시 말해 불안은 위험이나 위협이 있을 가능성 때문에 유발되는 반응이라는 뜻이죠. 아이들에게는 정서적인 안정이나 신체적 평온을 위태롭게 하는 모든 것이 위험하고 위협적인 상황이 될 수 있습니다. 성적·신체적인 학대, 폭력 상황에 노출되는 것, 부모의 이혼, 집단 괴롭힘, 부모의 죽음, 심각한 병이나 상처 같은 모든 것들이 그에 해당됩니다. 오늘날 불안장애가 이토록 많아진 이유는 아이들이 겪는 스트레스와 위협적인 상황이 크게 늘었기 때문입니다.

불안감은 몹시 충격적이거나 놀라운 상황을 겪고 나서 생기는 경우가 많습니다. 예를 들어, 친구들과의 관계에서 충격적인 일을 겪은 아이는 처음에는 두려움만 느끼다가 그 후유증으로 지속적인 걱정이나 염려, 공포심 즉 불안증을 겪게 될 수 있습니다.

생존 반응은 뭔가를 생각할 겨를도 없이 즉각적으로 나타납니다. 또 우리 뇌의 생존 센터는 스스로를 보호하기 위해 실질적인 위협과 잠재적인 위협을 구별하지 않아요. 실제로 위협적이거나 위험한 상황이 닥쳤을 때 곰곰이 생각하거나 판단할 시간을 가졌다가는 자칫 큰 대가를 치러야 할 수도 있기 때문입니다.

아이들에게 불안감을 설명할 때는 토끼 같은 작은 동물을 상상하게 하는 것도 방법입니다. 포식자와 먹이의 체계가 확실히 정립돼 있는 자연에서 힘이 약한 동물들은 위험이 감지되는 순간 안전해질 때까지 몸을 숨기죠. 그러다 다시 안전해지면 긴장을 풀고 평소 하던 대로 행동합니다.

어떤 것들이 아이를 불안하게 하나요? ___

이제 아이들을 불안하게 만들 수 있는 몇 가지 스트레스와 위협적인 요인들을 살펴볼까요? 여기서 명심할 점은 실제로 겪진 않지만 위협으로 인식되는 상황과, 실제로 겪는 위협적인 상황이 미치는 결과는 같다는 것입니다. 아이의 기본적인 안전에 위협이 되는 상황이라면 그

것이 무엇이든 불안장애를 유발할 수 있습니다. 다음은 그 중 몇 가지 상황입니다.

🌸 **아이를 불안하게 만드는 위협적인 상황들**

- 부모가 아플 때
- 부모가 이혼했을 때
- 가정 폭력을 겪었을 때
- 아프거나 구토했을 때
- 통증이 심하거나 심각한 상처를 입었을 때
- 총이나 무기를 봤을 때
- TV나 영화에서 폭력적인 장면을 봤을 때
- 도둑이 들었을 때
- 성적 또는 신체적 학대를 당했을 때
- 학교에서 집단 괴롭힘을 당했을 때
- 자연 재해를 겪었을 때(태풍, 홍수, 화재 등)
- 테러나 전쟁을 겪었을 때

불안장애가 있으면 앞에 언급된 상황들에 대해 정서적으로 격렬히 반응하고 그런 상황이 또 벌어지지는 않을까 끊임없이 걱정하게 됩니다. 하지만 이런 초기 반응을 찾아내기 힘들 때도 있습니다. 아이가 불안을 느끼면서도, 그 원인보다 자신의 반응과 감정을 더욱 의식하며 행동하는 경우가 있기 때문이죠.

아이의 스트레스를 줄여주세요 ___

스트레스는 아이들을 불안하게 만드는 원인 중 하나로 예상치 못한 요구를 받아들여야 할 때, 힘겹게 노력해야 할 때, 어떤 상황에 적응하거나 바뀌어야 할 때처럼 다양한 상황에서 받을 수 있습니다. 또 스트레스는 긍정적일 수도 있고 부정적일 수도 있죠. '생활변화지표(Life Change Scale)'는 스트레스를 측정하는 도구인데, 살면서 겪을 수 있는 일들이 스트레스의 강도와 신체 반응을 일으킬 가능성에 따라 순위별로 나열돼 있습니다. 어른들의 경우는 연인이 사망하거나 가족이 중병을 앓고 있거나 이혼 또는 별거를 했을 때 스트레스가 가장 큰 것으로 나타납니다.

이만큼 심각하지는 않지만 여전히 스트레스를 받는 상황으로는 업무에 대한 부담이 늘 때, 경제적으로 힘들 때, 가족이 이사할 때 등입니다. 한편 사소한 교통 법규를 위반했거나 긴 휴일을 앞두고 있거나 휴가를 계획할 때 느끼는 스트레스는 비교적 낮습니다. 스트레스의 영향은 누적되기 때문에 약 1년 동안 몇 가지 스트레스가 지속적으로 겹치면 불안증이 유발될 수 있습니다. 하지만 운동을 하거나, 충분한 수면을 취하거나, 심리 상담을 받거나, 맡은 업무와 책임을 줄이는 등 적절한 조치를 취하면 스트레스가 주는 부정적인 영향을 줄일 수 있습니다.

생활변화지표는 아이들에게도 적용할 수 있습니다. 표 1에는 아이들에게 영향을 미치는 여러 가지 요인이 나열돼 있으며, 각 항목별로 점수를 매겨 스트레스와 관련된 증상이 나타날 가능성을 측정할 수 있게

표 1 · 아이들의 스트레스 요인		
스트레스(변화)	기준값	점수
부모가 죽었을 때	100	_____
부모가 이혼할 때	73	_____
부모가 별거할 때	65	_____
부모와 떨어질 때(친척집에서 지내야 하는 경우 등)	65	_____
일 때문에 부모가 출장갈 때	63	_____
가까운 가족이 죽었을 때	63	_____
다치거나 학대를 받거나 병에 걸렸을 때	53	_____
부모가 재혼할 때	50	_____
부모가 실직했을 때	47	_____
별거한 부모 사이를 조정할 때	45	_____
엄마가 직장에 나가기 시작할 때	45	_____
가족의 건강에 이상이 생겼을 때	44	_____
엄마가 동생을 임신했을 때	40	_____
학교생활이 힘들 때	39	_____
동생이 태어났을 때	39	_____
학교에 다시 적응해야 할 때(담임이나 반 아이들이 바뀌어서)	39	_____
집안의 경제 사정이 나빠졌을 때	38	_____
친한 친구가 다치거나 아플 때	37	_____
과외활동을 시작하거나 바꿀 때(악기 과외, 운동 등)	36	_____
형제들과 싸우는 횟수가 늘어날 때	35	_____
학교 폭력을 겪었을 때	31	_____
개인 물건을 도난당했을 때	30	_____
집에서 맡은 책임이 바뀌었을 때	29	_____

손위 형제가 집을 떠났을 때	29	_____
조부모와 사이가 나쁠 때	29	_____
좋은 성적을 내야할 때	28	_____
다른 도시로 이사를 갈 때	26	_____
같은 시의 다른 동네로 이사를 갈 때	26	_____
새 애완동물이 생겼거나 기르던 애완동물이 죽었을 때	25	_____
습관을 바꾸려고 할 때	24	_____
선생님과 문제가 있을 때	24	_____
보모와 있거나 유치원에 있는 시간이 바뀔 때	20	_____
새 집으로 이사할 때	20	_____
늘 놀던 방식이 바뀔 때	19	_____
가족들과 휴가를 보낼 때	19	_____
친구 관계에 변화가 있을 때	18	_____
여름 캠프에 갔을 때	17	_____
잠자리가 바뀔 때	16	_____
가족 모임 횟수가 바뀔 때	15	_____
식사 습관이 바뀔 때	15	_____
TV 시청 시간이 바뀔 때	13	_____
생일 파티 때	12	_____
잘못해서 벌을 받을 때	11	_____

총합

최근 1년 동안 아이에게 일어났던 변화와 아이가 받은 스트레스 점수를 합산하자. 150 아래는 평균 수준이며 150에서 300사이는 스트레스가 평균보다 높은 수준이다. 300이상이라면 전문가와 상담이 필요하다. 치료를 받지 않을 경우 건강이나 행동에 문제가 생길 가능성이 있다.

되어 있습니다. 아이들은 부모의 죽음, 이혼이나 별거, 학교에서 받는 스트레스, 가정 문제 때문에 가장 힘들어하는 것으로 나타납니다. 이런 요인들에 대해서는 이 책 곳곳에서 자세히 다루도록 할 것입니다. 아이들이 받는 스트레스는 관리를 잘해줘야 신체적·정신적인 문제로 이어질 위험을 낮출 수 있습니다.

일상생활에서 해야 할 일들이 많아 빠르고 치열하게 살아야 하는 것도 스트레스의 원인이 됩니다. 어른의 경우는 생계를 위해 일을 하고, 자녀를 키우고, 집을 보수하고, 빨래를 하고, 장을 보고, 요리를 하고, 부엌 청소를 하는 것, 또 사람을 사귀고 취미 활동을 하는 것까지도 스트레스의 원인이 될 수 있죠. 이제 고전이 된 《일상의 스트레스(The Stress of Life)》라는 책을 쓴 생물학자 한스 셀리에(Hans Selye)는 이런 모든 일들이 스트레스의 원인이라고 했습니다. 스트레스는 피할 수 없는 삶의 일부이며 삶 속에 늘 내재돼 있다고도 했죠.

현대 사회에서는 스트레스를 관리하려는 노력조차 또 다른 스트레스가 될 수 있습니다. 여러 가지 취미 활동이나 운동할 때, 심지어 휴가 기간에도 일상생활을 할 때와 같은 수준의 시간적 압박을 느끼는 경우가 많기 때문입니다.

오늘날은 아이들도 부모만큼 바쁘고 스트레스가 많은 삶을 살고 있는데, 이는 부모가 주는 스트레스 때문인 경우가 많습니다. 많은 부모가 아이의 미래를 위한다는 명분으로 운동, 음악, 미술, 여러 가지 사회 활동, 교육, 취미 같은 과외 활동의 부담을 과하게 지우고 있습니다. 이러다 보면 아이가 편히 쉬면서 스트레스를 해소할 개인적인 시간이 부족해지고 결국 스트레스만 쌓입니다.

스트레스는 신체적으로나 정신적으로 수많은 병을 일으킵니다. 따라서 스트레스를 적절히 관리하고 해소하면 건강을 유지하는 데 큰 도움이 됩니다. 사람들은 스트레스를 관리하는 방법으로 규칙적인 운동, 적당한 수면과 휴식, 적절한 영양 섭취, 효율적인 시간 관리, 긍정적인 사회 활동, 명상 등을 활용합니다. 하지만 스트레스가 해소되지 않고 심해지면 우리 몸의 에너지는 점차 고갈되고 저항력도 약해집니다. 몸의 균형이 깨지면서 가벼운 증상들을 통해 스트레스가 과하다는 초기 경고 신호를 보내죠. 두통, 요통, 불편한 마음 상태, 근육 경련, 체력 저하 등은 모두 스트레스가 과하다는 것을 알리는 초기 경고일 수 있습니다. 이런 신호를 무시하면 나중에 심각하게 발전할 수도 있습니다. 이럴 때 많이 나타나는 증상이 바로 공황발작, 악몽, 공포증 같은 불안증입니다. 그러나 스트레스 자체가 꼭 불안증을 유발하는 것은 아닙니다. 다른 증상 없이 불안장애를 보이는 일부 아이들은 개인적인 기질과 가정환경 때문일 가능성이 있습니다.

감정의 변화도 똑같은 위협이 됩니다 ___

지금까지 우리는 아이들에게 불안증을 유발할 수 있는 위협적인 것들을 간략하게 살펴봤습니다. 이런 사건들은 불안증의 외적 유발 요인, 즉 아이가 처한 환경에서 벌어지는 상황이라고 할 수 있죠. 그런데 불안증은 강렬한 감정 같은 내적인 경험 때문에 생길 수도 있습니다. 좀 더 정확히 말하면, 아이가 경험한 감정적인 자극 때문에도 투쟁 도주 반응 같은 신체적 반응이 일어날 수 있다는 뜻입니다. 그래서 화가 났을 때도 근육이 긴장되고, 심장 박동 수가 늘어나며, 혈압이 올라가고, 호흡이 가빠지는 등 투쟁 도주 반응과 같은 신체 변화가 일어나죠. 흥분 역시 쉽게 감지되는 자극 중 하나입니다. 또 죄의식이나 슬픔, 수치심 같은 다른 감정들을 느낄 때도 투쟁 도주 반응 때와 유사한 신체 변화가 일어날 수 있습니다.

외적인 위험 요인과 강렬한 내적 감정을 구분하는 것은 혼란스러울 수 있습니다. 특히 아이가 유난히 예민하고 쉽게 불안해서 격한 신체 반응이 일어나는 것을 두려워한다면 더욱 그렇습니다. 불안증으로 고통받는 사람들은 자신이 겪는 감정을 가족들에게 털어놓지 못하거나, 자신의 감정이 잘못 받아들여지거나, 표현 자체를 못하게 하는 가정에서 자란 경우가 많습니다. 화 같은 격한 감정을 통제 불능 행동으로 치부하는 가정도 있죠. 이런 여러 가지 이유 때문에 불안장애를 앓고 있는 사람 중에는 격한 감정에 휩싸이는 것을 두려워하는 사람들이 많습니다. 그래서 어떤 감정이 들기 시작하면 위험하게 느끼고 불안해합니다. 이런 패턴을 해소하고, 아이가 자신의 감정을 편안하게 받아들이고 적절히 표현하는 법을 알려주기 위해 심리 치료에는 대부분 감정에 대한 교육과 의사소통 기술을 가르치는 것이 포함되는 것이죠.

불안은 생각의 습관입니다 ___

이 책에서 중점적으로 다루고 있는 불안증의 내적 요인 중 하나는 생각하는 방식입니다. 나는 불안증을 갖고 있는 많은 아이들을 보며 몇 가지 특징을 알게 되었습니다. 몇몇 인지 양식은 불안장애를 진단하는 기준표에도 제시돼 있으며 이에 관한 내용은 다음 장에서 자세히 다루겠습니다.

과도한 불안감은 아이들에게 일반적인 불안장애로 걱정이 많은 것이 가장 뚜렷한 특징입니다. 이외에도 완벽주의적인 성향, '꼭 해야 한다'는 생각, 부정적인 사고, '모 아니면 도'라는 흑백 사고 역시 불안증을 유발할 수 있어요. 이런 사고방식들은 불안해하는 아이들이 갖고 있는 개인적인 기질 중 일부로서 그런 기질을 완화시킬 수 있는 방법으로 치료해야 합니다. 종합적으로 볼 때, 앞으로 설명하게 될 '인지행동치료(cognitive-behavioral therapy, CBT)'가 효과적입니다.

불안이 어떻게 병으로 발전하나요? ___

이제 불안의 3요소를 알아보겠습니다. 이 기본 개념들은 아이의 불안감이 언제, 어떻게, 왜 생기게 되었는지를 알게 해줍니다. 이 개념들을 잘 파악하고 나면 얼마나 다양한 외적·내적 요인들이 아이의 불안감을 키우는지 이해할 수 있습니다. 또 어떤 방법을 써야 그 불안감을 줄일 수 있는지도 알 수 있습니다.

　내가 수많은 아이들을 상담한 결과, 불안증은 이 3요소가 거의 동시에 작용함으로써 나타나는 경우가 많습니다.

✿ **불안의 3요소**

- 생물학적 민감성
- 성격
- 스트레스

　생물학적 요소에는 '민감한' 기질이나 성향 등 아이가 갖고 있는 유전적인 특성도 포함됩니다. 자극(빛, 소리, 피부에 닿는 옷의 촉감 등)에 유난히 민감하고 감정적으로 격하게 반응하는 아이는 불안증을 갖게 될 위험이 높죠. 제 어린 딸도 양말을 신을 때 바느질 솔기에 매우 예민하게 반응했었어요. 그래서 발바닥에 바느질 자국이 없는 통양말만 신었죠. 이렇게 생물학적으로 민감한 부분은 당연히 타고납니다.

　아이들 각각의 독특한 성격은 아이가 가진 기질과 어릴 때 겪은 경험이 어우러져 형성되며 특히 가정환경의 영향을 많이 받습니다. 아이가 앞서 말한 것처럼 생물학적으로 민감하며 어릴 때 특정한 경험을 했다면 그 아이는 특유한 성격을 갖게 될 가능성이 큽니다. 이것을 '불안 특성 프로필'이라고 합니다. 다음은 이 가운데 비교적 흔한 몇 가지 특성입니다.

❀ 불안 특성 프로필

- 책임감이 강하다.

- 성취 목표가 높다.

- 편히 있는 것을 힘들어한다.

- 다른 사람들을 기쁘게 해주려는 경향이 있다.

- 자기 생각을 적극적으로 주장하지 못한다.

- 비판을 받거나 거부당했을 때 과하게 반응한다.

- 늘 걱정에 잠겨 있다.

위에 언급된 특성들이 있는 아이는 불안장애를 가질 가능성이 높다고 볼 수 있어요. 증상이 나타나는 시기는 대개 스트레스 수준에 의해 결정되며, 스트레스의 양이 변화함에 따라 불안해하는 정도도 바뀝니다.

쉽게 불안해하는 성격을 가진 아이들에게 스트레스가 미치는 영향은 매우 강력하죠. 그런 아이들은 스트레스에 대한 자신의 반응이 염려된 나머지 더욱 과장되게 행동하는 경향이 있어요. 또 좀처럼 컨디션을 회복하지 못하고 마음을 편히 갖지 못하기 때문에 오랜 시간 스트레스에 시달리곤 합니다. 자신들의 개인적 기질 때문에 좋지 못한 상황이 더욱 악화되는 식이죠.

'불안의 3요소'를 잘 파악하면, 불안증은 아동기에 일어나는 발달 과정의 일부이며 종종 성인기에도 나타난다는 것을 알 수 있습니다. 이 3요소들이 한데 작용해서 불안장애를 일으키려면 어느 정도 시간이 걸립니다. 아이들이 겪는 경험과 스트레스가 생물학적인 민감성과 결합하는 데는 더욱 그렇습니다. 또 이미 말한 것처럼, 스트레스를 주는 상황들이 미치는 결과는 계속 누적돼 나타나기 때문에 불안장애 증상은 몇 년이 지나서야 나타날 수도 있어요. 다음은 불안증이 어떻게 발달되는지 잘 보여줍니다.

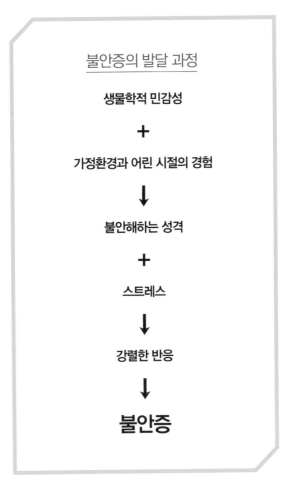

불안증의 발달 과정

생물학적 민감성

+

가정환경과 어린 시절의 경험

↓

불안해하는 성격

+

스트레스

↓

강렬한 반응

↓

불안증

 이 장에서 우리는 불안증을 이해하는 데 필요한 핵심적인 개념과 어린 시절의 불안증이 어떻게 발달되는지 간략하게 살펴봤습니다. 이제부터는 개념에 대한 기초를 단단히 다질 차례입니다. 또 어릴 때 생길 수 있는 불안증의 유형과 불안해하는 아이들에게서 나타나는 개인적인 특성들에 대해 더욱 자세히 알아보겠습니다. 그런 다음 제2부에서는 아이들을 불안하게 만드는 외적 스트레스 요인들을 심도 있게 다루겠습니다. 하지만 가장 바람직한 일은 아이들의 불안감을 충분히 이해한 상태에서 그 아이들을 돕는 것입니다. 개인적인 기질과 스트레스를 관리하는 데 도움이 되는 여러 가지 제안과 충고들은 다음 여러 장에 걸쳐 안내하겠습니다.

제2장

아이들의 불안장애

어른과 아이가 겪는 불안증은 다르지 않습니다. 아이들도 공황발작을 일으킬 수 있고 어른들도 분리불안을 겪을 수 있습니다. 여기서는 불안장애에는 어떤 것들이 있는지 알아보고 나이에 따라 불안해하는 것들이 어떻게 달라지는지 함께 살펴보겠습니다. 또한 불안이 일으키는 2차적인 문제들도 알아보겠습니다.

이런 것은 정상적인 두려움입니다 ___

아이들의 절반 정도는 동물, 천둥, 번개, 병원의 주사 등 불안해하는 대상이 예닐곱 가지는 됩니다. 아이들이 갖는 두려움은 물론 나이와 발달 정도에 따라 다릅니다. 그래서 두 살짜리 아이가 무서워하는 것을 열 살이나 열두 살짜리가 보면 비정상적이거나 어이없게 보일 수도 있죠. 아이의 불안증은 학습과 사회성 발달을 방해하는 정도, 지속 기간, 그리고 아이가 겪는 정신적 스트레스의 양에 따라 엄정하게 결정됩니다. 어릴 때 나타나는 불안 증상은 정상적인 것일 수 있지만, 정도가 너무 심하거나 오래 지속된다면 불안장애 중 하나로 분류될 수 있습니다.

아이들은 보통 어떤 것들을 걱정할까요? 다양한 배경의 일곱 살에서 열다섯 살짜리 아이들을 대상으로 한 연구들을 보면, 아이들은 주로 다음과 같은 문제를 걱정하고 있습니다.

🌸 아이들의 걱정거리

- 학교 성적
- 외모
- 사회적인 용인(사회적으로 다른 사람들에게 받아들여지는 것)
- 부모의 죽음
- 친구들이 '나'를 대하는 태도

아이들은 이런 개인적인 걱정 외에도 세계 기아나 가난, 폭력 사태, 핵전쟁 같은 국제적인 문제들을 걱정하기도 합니다.

어릴 때와 청소년기 때 걱정이 많은 것은 흔한 일일 수 있지만 때로는 가장 뚜렷한 불안장애 증상일 수도 있습니다. 정상적인 걱정과 그

표 2 · 아이들이 갖는 흔한 두려움	
나이	두려워하는 대상
0~6개월	보살핌을 받지 못하는 상황, 큰 소리
7~12개월	낯선 사람, 갑작스러운 이동, 커다랗거나 희미해 보이는 물체
1세	분리, 화장실, 낯선 사람
2세	분리, 어둠, 동물, 소음, 커다란 물건, 집안의 변화
3~4세	분리, 가면, 어둠, 동물, 밤에 들리는 시끄러운 소리
5세	분리, 동물, 나쁜 사람, 몸이 다치는 것
6세	분리, 천둥번개, 초자연적인 존재, 어둠, 혼자 자거나 혼자 있는 것, 상처를 입는 것
7~8세	초자연적인 존재, 어둠, TV에 나오는 무서운 장면, 혼자 있는 것, 상처를 입는 것
9~12세	시험, 학교 성적, 외모, 천둥번개, 상처를 입는 것, 죽음
13~15세	집과 학교 문제, 정치적 걱정, 미래에 대한 준비, 외모, 사회관계, 학교

렇지 못한 걱정의 차이는 그런 걱정들이 일상생활을 방해하는 정도 또
얼마나 잦고 얼마나 심각하느냐로 구분할 수 있습니다.

일곱 살 미만의 아이들도 걱정을 하긴 하지만 이 시기의 두려움은 구
체적인 것들이 많습니다. 표 2는 아이들이 흔히 느끼는 두려움을 연령
별로 구분한 것입니다.

표에서 알 수 있듯, 부모와의 유대가 형성되는 시기인 취학 전 아이
들은 대부분 분리불안을 갖고 있습니다. 그러다 자라면서 학교와 사회
적인 일들로 걱정거리가 바뀌죠.

아이들이 걱정하는 것과 현실은 대개 거리가 있습니다. 예를 들어,
어릴 때는 자동차와 자전거 사고가 많이 나는데도 아이들은 그런 일
때문에 다칠 걱정은 거의 하지 않지요. 이것이 바로 불안의 본질입니

다. 즉 일어날 가능성이 희박한 일에 불합리하게 치중합니다. 하지만 세상은 날로 위험해지고 있기 때문에 이제는 타당한 걱정과 그렇지 않은 걱정을 구분하기 어려운 것도 사실입니다.

아이들의 불안장애는 어떤 것이 있나요? ___

아이 때의 불안장애는 어른이 되어서도 이어집니다. 학교에 대한 공포나 분리불안 같은 아이들의 불안장애는 어른들의 장애와 다른 것 같지만 불안감에 대한 기본적인 기질은 어릴 때 시작돼 평생 이어집니다.

미국정신의학회(American Psychiatric Association)는 분리불안을 제외하고 불안증을 판단하는 조건에서 어른과 아이의 구별을 없앴습니다. 분리불안 외의 모든 불안장애는 어른과 아이에게 똑같이 해당되며 같은 증상을 보이고 진단 기준도 같습니다. 아이들도 스트레스를 받으면 신체적·정신적으로 어른과 같은 반응을 보이며, 어른의 불안증은 어린 시절에 그 뿌리를 둔다는 것이 밝혀졌습니다.

그렇다면 정상적이지 않은 아이들의 불안은 어떻게 표출될까요? 어른과 마찬가지로, 장애로 분류되는 불안증은 다양한 양상을 갖고 있습니다. 불안장애는 극심한 불안 상태로서, 정상적인 발달 및 일상의 기능을 방해하거나 장기간 지속되는 증상들이 다소 뚜렷하게 나타납니다. 아이들은 다음과 같은 불안장애를 가질 수 있습니다.

❋ 불안장애의 종류

- 분리불안장애

- 과잉불안장애/범불안장애(generalized anxiety disorder, GAD)

- 회피성불안장애

- 공포불안장애

- 외상후스트레스장애(post traumatic stress disorder, PTSD)

- 강박장애(obsessive-compulsive disorder, OCD)

- 공황장애

- 건강 상태와 관련된 불안

- 복합적인 불안장애

지금부터는 이런 장애들을 진단하는 기준과 몇 가지 관련 상태들에 대해 자세히 알아보겠습니다. 이 내용을 알고 있으면 아이가 보이는 증상이나 조짐을 알아차리는 데 도움이 됩니다. 단, 장애 진단은 반드시 경험이 풍부해서 정상적 · 비정상적인 불안을 구분하고 전문가의 도움이 필요한 상태인지 결정할 수 있는 정신건강 전문의를 통해 받아야 합니다.

분리불안장애 :

분리불안장애는 아이들에게만 나타나는 장애로 인식돼 있지만 어른들에게서도 종종 나타납니다. 분리불안장애가 있으면 자신이 안전하다고 여기는 사람과 떨어져야 할 때 몹시 불안해하는 증상을 보이죠.

정상적인 분리불안도 물론 있습니다. 하지만 장애가 될 만큼 분리불안이 심하면 엄마처럼 자신이 애착하는 대상과 헤어지는 것을 비현실적으로 지나치게, 그리고 지속적으로 걱정합니다. 그래서 헤어질 때마다 매우 고통스러워하며 신체적·정신적으로 심각한 손상을 입기도 합니다. 애착 대상은 대부분 엄마지만 아빠나 형제도 그 대상이 될 수 있어요.

자신과 떨어지지 않으려는 아이 때문에 스트레스를 받는 부모들이 아이를 데리고 치료를 받으러 오는 경우가 많습니다. 분리불안은 종종 학교공포증이나 등교 거부를 동반해요. 분리불안장애가 있는 아이들 중 약 75퍼센트는 학교나 유치원에 가는 것을 싫어하죠. 이런 상태는 시간이 지남에 따라 개선되기도 하지만, 청소년기와 성인이 되어 이별을 겪는 새로운 상황에 처하게 되면 다시 시작될 수도 있어요.

열여덟 살 이전에, 다음에 나온 증상 중 서너 개가 2주 이상 계속되면 분리불안으로 의심할 수 있습니다.

분리불안장애 증상

- 애착 대상에게 끔찍한 일이 벌어져서 돌아오지 못하거나 영원히 자기 곁을 떠날지도 모른다는 비현실적인 두려움을 끊임없이 느낀다.
- 자신에게 납치나 사고 같은 큰일이 일어나서 부모와 영영 떨어지게 될까 봐 두려워한다.
- 애착 대상이 곁에 없거나 집이 아닌 곳에서는 잠을 자지 않겠다고 고집을 부린다.

- 옷자락에 매달리거나 계속 따라다니며 혼자 있지 않으려고 한다.
- 학교에 있는 시간 또는 이별이 예상되면 두통, 배탈, 메스꺼움, 구토 같은 신체적인 증상을 보인다.
- 부모와 헤어져야 할 기미가 보이면 짜증을 내거나 울거나 가지 말라고 애원하는 식으로 스트레스를 표출하면서 힘들다는 신호를 계속 보낸다.
- 떨어져 있는 동안 계속 부모에게 전화를 하거나 집에 가겠다고 고집을 부리며 불만을 표출한다.

특이한 방식의 분리불안 증상을 보인 아이가 있었다. 일곱 살인 커스틴은 활기 넘치고 상냥한 미소를 가진 아이였는데 어느 날 밤 부모가 외출했을 때 아파서 구토를 했다. 할머니가 잘 돌봐줬지만 커스틴은 당장 부모가 돌아오길 바랐다. 그날 이후 커스틴은 구토공포증을 동반한 심각한 분리불안 증세를 갖게 되었다.

아이는 자주 배가 아프다고 했고(별다른 원인 없이) 밤에 잠드는 것을 힘들어했다. 아이를 재우는 데만 한두 시간이 걸리자 부모는 점차 지쳐갔다. 커스틴은 학교에 가지 않겠다고 고집을 부렸고 엄마, 아빠 중 한 사람이라도 곁에 있지 않으면 아무것도 하지 못했다.

다행히 커스틴은 상담을 통해 그런 상황을 극복했으며 정상적인 생활로 돌아갔다. 나는 일단 불안감이 무엇인지 알려주고, 마음을 편히 갖게 만드는 음악을 들려줬으며, 부모도 따로 지도했다. 또 '걱정

인형'도 활용했다. 커스틴은 조그만 과테말라 인형에게 자신의 걱정을 말하고 밤마다 베개 밑에 두었다. 그랬더니 걱정으로 힘들어하지 않고 잠을 잘 수 있게 되었다.

과잉불안장애 ：

과잉불안장애는 아이들에게 나타나는 범불안장애(GAD)입니다. 과거와 미래에 대한 걱정이 지나치게 과하고, 무엇이든 잘해내야 한다는 걱정이 많고, 남들의 시선을 과하게 의식하는 것이 특징이죠. 이 장애를 가진 아이들은 타인의 반응을 통해 안도하며, 잘할 자신이 있거나 칭찬 받을 수 있는 것들만 하려고 하는 경향이 있습니다. 악기 연주나 운동 경기처럼 수행 중심의 활동은 피하는 경우가 많죠. 안심하려는 욕구가 지나치다 보니 무시당하는 기분을 자주 느끼고 비난에 몹시 예민합니다. 불안감이 심해지면 두통이나 복통 같은 신체적 통증도 자주 겪게 됩니다.

이 장애가 있는 아이들은 대개 협조적이고 바르게 행동하기 때문에 교사들은 장애가 있는 것을 알아차리지 못하는 경우가 많아요. 그러나 부모들은 아이가 지나치게 예민해하는 모습을 자주 보게 됩니다. 아이나 청소년이 다음에 나온 증상들을 6개월 이상 보이면 과잉불안장애가 있는 것으로 판단할 수 있습니다.

- 앞으로의 일에 대한 걱정이 지나치거나 비현실적일 만큼 과하다.
- 지난 일들이 타당했는지에 대한 걱정이 매우 심하다.
- 학업, 운동, 친구 관계 등의 분야에 있어서 자신의 능력을 지나치게 걱정한다.
- 몸에 별다른 이상이 없는데도 통증을 느낀다.
- 주변의 시선을 지나치게 의식한다.
- 마음을 편히 갖지 못하고 늘 긴장된 상태다.

열두 살인 린다는 늘 우울해 보이는 아이였는데 몸이 자꾸 '아픈 것' 같고 배도 자주 아프다고 했다. 소아과 의사는 아이 몸에 별 이상이 없자 심리 상담을 추천했다.

처음 본 린다는 걱정이 무척 많은 아이였다.

'다른 아이들이 자신을 어떻게 생각할까', '갑자기 병이 걸리지는 않을까', '성적이 떨어지지는 않을까(전 과목 A임에도 불구하고)' 같은 걱정을 늘 달고 살았다. 학교에 못 간 날은 선생님들의 관심을 잃거나 아프다고 다른 아이들이 자기를 비웃을까 봐 걱정한다고 했다. 린다가 이토록 병에 대해 걱정하는 것은 몇 년 전 식중독을 앓은 뒤부터였다.

또 린다는 부모가 밤에 외출하면 나쁜 일이 생길까 봐 불안해했다. 그래서 부모가 나간다고 할 때마다 못 나가게 막곤 했다. 결혼기념일 같은 특별한 날도 마찬가지였다. 엄마와 아빠가 집에 없으면 잘 시간이 되어도 자지 않았다. 린다는 자기 생활이 바뀌는 것을 극도로 싫어해서 휴가 때 여행가는 것도 싫어했다.

실제로 가족이 모두 크루즈 여행을 가기로 한 몇 주 전부터, 린다는 비행기를 타는 것 또 배에서 멀미하는 생각에 사로잡혔다. 막상 여행을 떠났을 때는 맹장염에 걸린 것 같다며 맹장이 터질 일은 없을 거라고 계속 안심시켜주길 바랐다. 이렇게 린다의 걱정은 끝이 없었고 과잉불안장애의 특징을 고스란히 드러내고 있었다. 사실상 모든 것에 신경을 쓰며 걱정하는 버릇이었다.

린다의 불안감은 주로 신체적 증상으로 나타났는데 치료 중 린다는 이렇게 말했다.

"정말 1년 365일 내내 아픈 것 같아요. 뭐가 쿡쿡 찌르는 것 같을 때도 있고 엄청 아픈 것 같을 때도 있어요. 어디를 가든 늘 그래요."

그 다음 치료 때는 이런 말을 덧붙였다.

"꼭 나만의 작은 세계에 갇혀 사는 기분이 들어요. 그 세계는 아무도 몰라주고 모든 것이 복잡해서 늘 걱정하게 되고 비참한 기분이 드나봐요."

린다는 자신의 불안감 때문에 부모와 주변 사람들을 자기 뜻대로 통제하려 했고 그러다 보니 가끔 가족들과 힘겨루기에 들어가는 상황도 생겼다.

다행히 린다와 가족은 치료를 통해 좋아졌다. 걱정에 감춰져 있는 목적을 아이 스스로 깨닫도록 도왔다. 그것은 미래가 안전하고 편안하기를 바라는 마음이었다. 마음을 편히 하고 걱정스러운 생각들을 통제하는 방법과 집에서 할 수 있는 행동 지침들도 알려줬다. 린다의 부모에게는 상담사를 따로 소개해서 아이가 지켜야 할 한계를 정하고 부모로서 가져야 할 적절한 통제력을 회복하게 했다. 그들은 린다가 아프면서도 학교에 가겠다고 고집을 부릴 때는 단호한 태도를 취하고, 아이가 학교에 있는 동안은 온전히 선생님에게 맡겨야 한다는 것을 알게 되었다.

회피성불안장애 :

회피성불안장애가 있으면 낯선 사람들 속에 섞여 있는 것을 극도로 싫어하고 심할 경우 사회생활에 문제가 생길 수도 있습니다. 이 장애가 있는 아이들은 가족들과 친밀해지길 바라고 또 대개는 그런 관계가 형성되지만, 그밖에 다른 사람들은 좋아하지 않아요. 그런 아이들은 또래들과 어울리지 않고 혼자 있으며, 자기 생각을 표현하는 능력이 부족하고, 자신감이 떨어집니다. 분리불안장애만큼 흔한 증상은 아니며, 애착 대상과의 분리를 두려워하기보다 낯선 사람들을 회피하는 데 치중한다는 점에서 차이가 있습니다. 또 이보다 흔한 과잉불안장애와 달리, 회피성불안장애는 두려워하는 대상이 좀 더 구체적입니다. 다음은 아동 회피성불안장애에 관한 진단 기준입니다.

- 최소 6개월 이상 사회적 기능에 문제가 생길 정도로 낯선 사람과의 접촉을 극도로 피한다.
- 가족 및 친한 사람들과의 관계만 편하게 여긴다.
- 두 살 반 이후부터 시작된다.
- 회피성인격장애로 간주될 만큼 전반적이지는 않다.

공포불안장애 :

현재 공포불안장애는 특정공포증과 사회공포증 두 갈래로 분류됩니다. 특정공포증은 비행기를 타는 것, 높은 곳, 어둠, 동물, 시끄러운 소리, 무대 의상 같은 옷을 입은 사람들, 주사 맞는 것 등 특정한 대상이나 상황에 노출됐을 때 또 그런 상황에 노출될 것으로 예상될 때 지속적으로 나타나는 과도한 두려움이죠. 이런 상황에 처하면 장애가 있는 아이들은 곧바로 공황발작을 일으키거나 울음을 터뜨리거나 짜증을 내거나 그 자리에 얼어붙거나 옆 사람에게 매달리는 등 몹시 불안해하는 반응을 보입니다.

또 이 아이들은 자신들이 느끼는 두려움이 비현실적일 수 있다는 것을 좀처럼 인지하지 못해요. 불안장애가 있는 아이들에게 또래 아이들 대부분이 일시적으로 겪을 수 있는 정상적인 두려움(표 2 참고)과 비정상적인 불안감을 구분하게 하는 것이 중요합니다. 그 나이 때에 충분히 느낄 수 있는 공포라 하더라도, 일상생활에 지장이 있을 만큼 반응이 심각하다면 특정공포증으로 진단할 수 있습니다. 다음은 특정공포증에 대한 진단 기준입니다.

특정공포증 증상

- 특정한 대상이나 상황을 마주했을 때 또는 그런 상황이 예상될 때(병원, 폭풍우, 높은 곳, 물, 동물 등) 몹시 불안해하고 그런 상태가 한동안 지속된다.
- 두려운 상황에 노출되면 곧바로 불안해하는 반응(공황발작, 울음, 짜증, 얼어붙음)을 보인다.
- 두려운 상황을 회피하려하거나, 피할 수 없을 때는 극심한 불안 증세를 보인다.
- 두려운 상황이 닥칠까 걱정하고, 회피하고, 불안해하는 증상 때문에 일상생활(학교, 사회생활, 가족 등)에 문제가 있다.

사회공포증은 여러 가지 사회적인 상황 또는 사람들 앞에서 뭔가 해야 하는 상황을 극도로 두려워하는 불안장애입니다. 이 장애가 있는 사람들은 특히 낯선 사람들을 마주하거나 사람들이 자신을 주시하는 상황을 몹시 두려워합니다. 또 그런 상황에 처했을 때 불안해하는 모습을 보이거나 얼굴이 빨개지는 등 자신이 부끄럽거나 당혹스러운 행동을 할까 봐 걱정하죠.

어른이든 아이든 모두 그렇습니다. 사회공포증이 있는 아이들이 가장 두려워하는 것은 학교나 사람들 앞에서 발표하는 거예요. 그래서 그런 상황을 아예 피함으로써 불안감을 없애려 노력하는 거고요. 피할 수 없는 상황일 때 아이들은 심한 스트레스를 받고 극도의 불안감에 사로잡힙니다. 특정공포증과 마찬가지로, 사회공포증이 있는 아이들 역시 자신들이 느끼는 두려움이 비현실적일 수 있다는 것을 좀처럼 인지하지 못합니다. 다음은 사회공포증에 대한 진단 기준입니다.

사회공포증 증상

- 낯선 사람들을 마주하는 상황 또는 사람들의 주시를 받을 만한 상황을 몹시 두려워하고 그 상태가 한동안 지속된다.
- 자신의 반응 때문에 창피를 당하거나 당황할까 봐 두려워한다.
- 두려운 상황에 처하면 불안 증상(공황 상태, 울음, 얼어붙음, 짜증, 회피하려는 시도)을 보인다.
- 여러 사회적인 상황 또는 사람들 앞에서 뭔가 해야 하는 상황을 피하려 하고, 피하지 못하면 몹시 불안해한다.
- 미리부터 불안해하고, 무조건 피하고, 불안해하는 증세 때문에 정상적인 생활(학교, 사회)에 문제가 생긴다.

사회공포증 때문에 힘들어하는 아이들과 청소년들의 상담을 수없이 해보니 공통점이 있었습니다. 그 아이들은 대개 수줍음을 많이 타고 감정을 잘 드러내지 않으며, 잘 아는 사이가 아니면 좀처럼 사람들과 어울리려 하지 않는 경향이 있죠. 아이들이 가장 힘들어하는 일은 일상에서 새로운 사람을 만나 대화를 나누는 것이었습니다. 심한 경우는 낯선 사람과 통화하는 것조차도 꺼려합니다. 사회공포증은 '집단 요법'을 통해 효과적으로 치료할 수 있습니다.

외상후스트레스장애(PTSD) :

PTSD는 신체적·성적 학대의 후유증인 경우가 가장 많고 우울증과 다른 여러 증상들이 동반됩니다. 충격적인 사건을 겪은 뒤 한 달 안에 뚜렷한 증상이 나타나면 급성스트레스장애(acute stress disorder)로 분류될 수 있습니다. 다음은 PTSD의 진단 기준입니다.

외상후스트레스장애 증상

- 실제로 협박을 받거나 다치는 등 충격이 심한 사건을 겪었다.
- 충격적인 일을 겪은 뒤 불안해하거나 두서없이 행동하면서 극심한 두려움이나 무기력감, 공포심을 드러낸다.
- 괴로운 기억에 잠겨 있거나 악몽을 꾸고, 사건이 재발한 것처럼 느끼거나 행동하고, 사건의 특정 부분을 재연하고, 사건이 떠오를 때마다 신체적·정신적으로 강하게 반응하는 등 자신이 겪은 일을 끊임없이 되새긴다.
- 충격적인 경험을 떠올리게 하는 것들을 회피한다.
- 사람들과 멀어지고, 감정이 줄고, 사랑을 느끼지 못하는 등 일반적으로 반응하는 것에 무뎌진다.

- 수면장애, 집중력 손상, 과민 반응, 분노 표출 등 자극에 대한 증상들이 늘어난다.

내 환자 가운데 절반 정도는 어릴 때 트라우마를 겪은 사람들이다. 로베르토도 그 중 한 명이었다. 그는 어릴 때 아버지로부터 잔인할 만큼 심한 신체적 학대를 받았다. 정서적 학대 역시 당연히 뒤따랐다. 아버지는 걸핏하면 그를 '멍청이'라고 불렀고 '아무 짝에도 쓸모 없는 놈', '못난 놈' 같은 말을 달고 살았다. 학대는 심각한 수준이었고 결과는 참혹했다.

어릴 때부터 갖게 된 몇 가지 불안장애는 어른이 되어서도 이어졌고 결국 그는 도움을 청하기로 했다. 로베르토는 PTSD 외에도 말을 더듬는 증상, 사회공포증, 권위적 인물, 특히 남자 어른에 대한 두려움, 강박장애 같은 여러 장애를 갖고 있었다. 뿐만 아니라 자존감에도 심한 상처를 받았고 늘 원인 모를 수치심에서 헤어나지 못했다. 어릴 때 이런 힘든 상황에서 벗어날 수 있는 유일한 탈출구는 영화를 보는 것이었다. 영화를 몇 편씩 연달아 보면서 극장에 하루 종일 있으면 끔찍한 집 생각을 잠시나마 떨쳐버릴 수 있었다. 그는 열여섯 살 때 집을 나왔고 어른이 되어 찾아갈 때까지 한 번도 돌아가지 않았다.

캐리는 양아버지로부터 성적 학대를 받고 PTSD를 갖게 된 경우였다. 캐리는 광장공포증에 따른 공황발작과 더불어 오랫동안 PTSD를 갖고 살았다. 그래서 사람들과의 관계를 힘들어 했고 매사에 불안해하면서 다른 사람들 특히 남자를 잘 믿지 못했다. 여행도 싫어했고 자존감도 낮았다. 하지만 그렇게 큰 상처가 있음에도 불구하고, 그녀는 자신의 분야에서 매우 뛰어났고 누구보다 훌륭한 엄마가 되었다.

캐리의 치료 중 가장 효과가 컸던 부분은 그녀가 나를 믿고 자신의 힘든 과거를 편안하게 털어놓은 것이다. 어린 시절, 믿음을 저버리고 힘이 개입된 학대를 받은 경우 이와 같은 경험은 치유가 된다. 캐리는 점차 편하게 여행도 다니기 시작했고 다른 불안 증상들도 현저히 줄었다. 이렇게 상태가 호전되자 잃었던 자존감도 회복됐다.

강박장애(OCD) :

강박장애는 불안장애 중 흔치는 않으며 자신이 원치 않는데도 어떤 것(생각, 충동, 이미지 등)에 대한 강박에 사로잡혀 불안해하는 증상입니다. 이 장애가 있는 아이와 청소년들은 불안해지는 것을 미리 막거나 통제하기 위해 강박적으로 어떤 행동을 반복합니다. 다른 불안장애와 마찬가지로, 이 장애가 있는 사람들이 가장 걱정하는 것 역시 자신의 통제력입니다. 강박적인 생각이나 행동을 통제하지 못하면 불안한 마음이 생기고 위험한 상황에 빠질 수 있기 때문이죠. 아이러니하게도, 이 장애는 사람이 자신의 강박적인 생각과 충동적인 행동을 통제하기보다 그런 생각과 행동에 사람이 휘둘리는 경우가 많아요. 모두가 그런 것은 아니지만, 이 장애를 가진 아이들은 대개 자신들의 생각이나 행동이 과장되고 불합리한 것을 알면서도 멈추지 못합니다. 또 자신의 문제를 수치스럽게 생각해 감추고 있다가 성인이 되어서야 뒤늦게 도움을 구하는 경우가 많습니다. 다음은 강박 장애의 진단 기준입니다.

강박장애 증상

강박장애는 강박적인 사고와 강박적인 행위 또는 둘 다 해당된다.

강박적 사고

- 부적절하고 거슬리는 생각 또는 이미지가 지속적으로 떠오르거나 계속 되풀이된다.
- 그런 생각이나 이미지 때문에 불안해지거나 스트레스를 받는다.
- 그런 생각이나 이미지를 애써 외면하거나 억누른다. 다른 생각이나 행동을 통해 그런 것들을 상쇄하려 노력한다.
- 강박적인 생각이나 이미지의 원인이 자신의 마음에 기인한다는 것을 알고 있다.

강박적 행위

- 엄격한 규칙에 따라 행동해야 한다는 생각 때문에 어떤 행위들을 계속 되풀이한다. 예)손 씻기, 주변 점검하기, 물건 정리하기, 숫자 세기, 몇 가지 단어를 속으로 계속 중얼거리기 등
- 스트레스를 피하거나 줄이기 위해 강박적인 행동들을 한다.

- 그런 행동들이 스트레스를 피하거나 줄일 수 있는 현실적인 방법이 되지 않는다.

그 밖의 사항
- 강박적인 생각이나 행동 때문에 스트레스를 받거나 시간을 낭비하거나(하루에 한 시간 이상씩 계속함으로써), 일상생활에 문제가 생긴다.
- 아이들은 그런 강박적인 사고와 행동이 과도하거나 불합리하다는 것을 모르는 경우가 많다.

열여섯 살인 베키는 총명한 아이였지만 심한 강박증에 시달리고 있었다. 치료를 받으러 왔을 때 베키는 잦은 지각과 결석 때문에 첫 시간 생물 과목을 낙제한 상태였다. 수업은 8시 30분에 시작하는데 베키는 늦지 않기 위해 새벽 5시에 알람을 맞춘다고 했다. 일어나면 몇 시간 동안 긴 샤워를 하고 '이거다'라는 생각이 들 때까지 계속 옷을 바꿔 입었다. 그리고 나면 역시 자기 마음에 들 때까지 책가방을 싸고 풀기를 반복하다가 드디어 현관문을 열고 첫 계단에 발을 디딜 마음을 먹는다고 했다. 베키는 한 계단씩 내려갈 때마다 한동안 멈춰 서 있는 습관이 있었다. 자신의 생각과 행동이 말도 안 된다는 것을 알고 있었지만 매일 아침 이렇게 하지 않으면 불안해 견딜 수가 없었다. 이 과정을 끝내면 베키는 미친 듯이 학교로 달려갔지만 늘 1교시 수업이 거의 끝날 즈음에야 도착하곤 했다.

부모와 함께 치료를 받으러 온 에린은 열한 살이었고 말수는 적었지만 상냥한 아이였다. 역시 강박장애를 갖고 있던 에린은 뭔가를 '네 번씩' 하는 습관이 있었다. 즉, 어떤 행동들을 꼭 네 번씩 되풀이했고 그렇게 하지 못하면 무척 불안해했다. 운동 경기를 보거나 연주회에 가서도 박수를 꼭 네 번만 쳤고, 밤에 잠자리에 들어서는 베개를 네 번 바로잡고 나서야 편하게 잠이 들었다.

공황장애 :

이 장애를 가진 사람은 별 다른 이유 없이 갑자기 극심한 불안을 느끼거나 발작을 일으킵니다. 다 그런 것은 아니지만, 공황장애가 있는 사람은 불안해질 것 같은 상황을 미리 피하려는 경향이 있습니다. 다음은 공황장애를 진단할 때 기준이 되는 증상들입니다.

공황장애 증상

- 심장이 두근거리거나 심장 박동 수가 증가한다.
- 땀을 흘린다.
- 몸을 떨거나 흔든다.
- 호흡이 가빠지고 질식할 것 같은 느낌이 든다.
- 가슴에 통증이 오거나 불편해진다.
- 복부가 거북하거나 메스껍다.
- 어지럽거나, 다리가 휘청거리거나, 실신할 것 같은 기분이 든다.
- 현실을 벗어난 것 같은 기분이 든다.

- 자신을 통제하지 못하거나 미치거나 죽을까 봐 두렵다.
- 무감각해지거나 얼얼해진다.
- 오한이 들거나 열감이 느껴진다.

공황장애가 있는 아이나 어른은 발작을 일으킬 만한 상황을 피하려고 합니다. 그래서 광장공포증(agoraphobia)을 동반하는 경우가 많은데 광장공포증이란 그리스어로 광장을 뜻하는 'agora'와 공포증을 뜻하는 'phobia'가 합해진 표현으로 '사람들 앞에 나서는 것을 두려워하는' 장애입니다. 불안감을 누르기 위해 사회적 접촉이나 여행, 분리 같은 특정한 상황을 회피하는 아이는 광장공포증을 동반한 공황장애로 진단될 수 있습니다.

건강 상태와 관련된 불안 :

건강 상태가 심각하거나 질병이 있어도 불안증이 생길 수 있습니다. 강박적인 사고나 충동적인 행위, 공포증, 과도한 걱정 등이 나타납니다. 특정한 건강 문제 때문에 불안해하는 것이 확실하다면 건강 상태에 따른 불안증으로 진단할 수 있습니다.

나는 열 살 때 거의 죽을 만큼 아프고 나서 이 장애를 가진 적이 있어요. 크루프 병을 앓았던 나는 자는 동안 호흡 곤란이 와서 깼지만 소리를 내거나 도움을 청할 수 없었죠. 제 기억으로 그때 벽만 계속 두드리다 의식을 잃었던 것 같아요. 눈을 떴을 때는 응급으로 기관 절개술을 받은 뒤 병원 중환자실의 격리 구역에 누워 있었습니다. 수술은 병원으로 향하는 구급차 안에서 이미 시작됐다고 했습니다. 나는 너무나 놀라고 혼란스러웠죠. 특히 침대 옆에 놓인 커다란 호흡 장치가 목구멍에 넣은 관을 통해 내 폐와 연결돼 있다는 것이 몹시 충격적이었습니다. 2주간의 병원 생활 자체도 끔찍했지만 이러다가 죽을까봐 너무 두려웠죠. 그나마 베키라는 간호사가 수술 붕대를 갈 때마다 나를 진정시켜주면서 여러 가지 이야기를 들려줬던 것만이 좋은 기억으로 남아 있습니다.

> 켈리도 건강 상태 때문에 불안증을 갖게 된 경우였다. 켈리는 누가 자기 몸을 만지는 것에 극도의 공포증을 갖고 있었다. 처음 봤을 때, 고등학교 2학년이었던 켈리는 자신이 갖고 있는 불안장애의 원인이나 특성에 대해 거의 무지한 상태였다. 하지만 첫 상담에서 아이가 왜 그렇게 불안해하는지 알 수 있었다. 켈리는 열 살 때 뇌종양을 앓았는데, 뇌에 찬 물을 빼내는 과정에서 감염이 되어 열한 살 때 뇌수술을 네 차례나 받아야 했다. 이미 아홉 살 때 눈 수술을 받았던 켈리는 중요한 두 기관의 큰 수술을 받은 뒤부터 누가 자기 몸에 손을 대는 것에 몹시 '민감'해졌다.

복합적인 불안장애 :

불안증을 갖고 있는 아이 중 약 25퍼센트는 지금까지 언급한 진단 기준 중 하나에 속할 것입니다. 하지만 복합 질환(comorbidity)이라고 해

서 한 가지 이상의 불안 증상을 복합적으로 보이는 아이들도 많습니다. 즉, 한 아이에게서 일반적인 불안증과 사회적 불안, 분리불안이 한꺼번에 나타나는 것입니다.

> 애덤의 경우에 복합적인 불안장애를 갖고 있었다. 애덤은 혼자 있어야 할 때마다 발작을 일으켰기 때문에 분리불안장애가 의심됐지만, 사실은 공황발작이 두려워 분리불안 증세를 보인 것이었다.
>
> 애덤의 공황발작은 혼자 있는 것과 연관이 있는 만큼 아이는 혼자 있는 것에 대한 공포증 그리고 분리불안장애를 함께 갖고 있었다. 치료를 통해 회복되기 전까지, 애덤은 공황장애와 분리불안장애 때문에 학교에 가는 것도 힘들어 했는데 이것은 광장공포증에 해당되는 것이었다.

불안은 우울증도 불러옵니다 ___

불안장애가 있는 아이는 우울증에 걸릴 위험도 큽니다. 사회적 불안장애가 있으면 친구를 거의 사귀지 못해 외롭고 우울해질 수 있어요. 학대를 받고 외상후스트레스장애가 생긴 사람은 내적인 분노가 쌓여 우울해지거나 자존감이 낮아지기도 합니다. 범불안장애가 있는 아이들은 잠을 제대로 자지 못해 활기가 없고 걱정이 많아 늘 피곤해합니다. 이 모든 경우, 우울증은 불안장애의 2차적 증상으로 간주될 수 있습니다. 하지만 실제로 불안장애와 우울증을 구분하는 것은 쉽지 않습니다.

대개 다음과 같은 증상이 자주 나타나면 우울증으로 볼 수 있습니다.

❋ **우울증의 증상**

- 기운이 없다.
- 의욕이 낮다.
- 재미있어하던 것들에 관심이 없다.
- 잠을 잘 못 잔다.

불안장애가 주요 문제인 경우, 불안증이 치유되면 우울증 같은 2차적인 증상들도 대개는 진정됩니다. 이와 달리, 불안장애와 우울장애가 공존하는 경우는 각각 개별적으로 치료해야 할 수도 있습니다.

불안과 비슷한 다른 장애도 있습니다 ___

이외에도 불안과 관련된 몇 가지 장애들이 있습니다. 이 경우 불안장애로 진단되지는 않지만 일반적인 불안 증상들이 함께 나타납니다.

❋ **투렛 증후군** : 눈을 계속 깜빡이거나, 고개를 획획 돌리거나, 코를 킁킁거리거나, 계속 헛기침을 하며 목을 가다듬는 등 만성적인 경련 증상을 수반한다. 또 과잉행동과 충동성, 심리적 경직성, 산만함 외에도 강박적인 사고나

행동, 지나친 걱정 같은 불안 증상을 동반하는 경우가 많다.

아스퍼거증후군 : 지적·인지적 능력은 정상인데 사회적 소통 기술이 현저히 떨어지는 아이들이 있다. 이 아이들은 눈을 잘 맞추지 못하거나, 사회적인 상호 작용과 정서적 교감 능력이 떨어지거나, 심리적으로 경직돼 있거나, 같은 행동을 계속 되풀이한다. 불안증, 과잉행동, 충동성 모두 아스퍼거증후군이 있는 아이들이 흔히 갖고 있는 특징이다.

나이에 따라 불안도 바뀝니다 ___

앞에서 언급했듯, 어릴 때 느끼는 정상적인 두려움은 나이에 따라 바뀝니다. 하지만 불안장애에 따른 증상들은 어떤 나이든 거의 동일합니다. 실제로 불안장애가 생기면 어른이든 아이든 같은 증상을 보이니까요.

불안장애의 증상은 같지만 불안증을 유발하는 스트레스 요인은 연령대에 따라 다릅니다. 대다수의 아이들은 각각의 발달 단계를 거치며 그에 따른 다양한 스트레스를 경험합니다. 앞서 살폈듯이 스트레스는 대개 변화가 많아 적응해야 할 것이 많을 때 받게 되는데 각 발달 단계에 따라 예측 가능한 스트레스도 몇 가지 있습니다. 예를 들어, 세 살에서 다섯 살 사이의 아이들은 보통 집에 있다가 어린이집이나 유치원에 가야 할 때 스트레스를 받고 불안해하죠. 마찬가지로, 여섯 살에서 열두 살 사이의 아이들은 주로 읽기, 쓰기 등의 학교 공부와 사회적인 관계에서 스트레스를 받습니다. 청소년기가 되면 호르몬이 바뀌고 성적인 압박감이 작용하면서 이전과 다른 스트레스를 받게 됩니다.

이런 발달상의 스트레스에 생물학적인 민감성과 불안에 취약한 타고난 기질이 더해지면 불안장애로 이어집니다. 하지만 그 증상은 나이에 따라 다르지 않습니다. 즉, 불안장애는 나이에 따른 독특한 증상이 없다는 뜻이죠.

좀 더 자세히 알아보겠습니다. 어린 아이들의 불안 증상은 주로 신체적인 것으로 나타난다고 생각하는 사람이 많습니다. 아직 언어 능력이 부족하고 개념도 충분히 발달되지 않아서 자신의 감정을 말로 표현하지 못하기 때문이죠. 하지만 모든 사람은 나이에 상관없이 신체적인 증상으로 자신이 받고 있는 스트레스와 불안감을 호소합니다. 실제로 많은 성인들도 복통과 긴장감, 신체 여러 부위의 통증 등 어린 아이들과 같은 증상으로 힘들어했습니다. 또 불안장애를 갖고 있는 상당수의 성인들은 자신의 증상을 의학적인 문제라 판단하고 맨 먼저 내과 의사를 찾아갑니다. 여러 가지 불안 증상을 보이는 아이를 부모가 소아과로 데려가는 것처럼 말입니다.

★　★　★

지금까지 불안장애에 대한 기본적인 이해를 마치고 아이들에게 나타나는 형태에 대해서도 간략하게 알아봤습니다. 그러나 앞에서 경고

한 것처럼, 아이의 불안장애를 진단할 때는 정상적인 불안감과 장애를 구분할 수 있는 노련한 정신건강 전문의를 통해야 합니다. 아이에게 불안장애가 있다고 해서 낙담할 이유는 없어요. 이 책을 계속 읽다 보면 알게 되겠지만, 아이의 불안감은 여러 가지 방법을 통해 충분히 줄일 수 있으며 효과가 검증된 치료법들도 많습니다.

다음 장에서는 불안에 취약한 아이의 성격이 어떨 때 도움이 되고 어떨 때 해가 되는지 알아보겠습니다. 그리고 문제가 되는 불안 증상에 관한 몇 가지 해결법도 알아볼 것입니다.

· 제3장 ·

불안해하는 아이들의 성격

이제 아이들의 스트레스와 불안감을 키우는 성격적인 특성에 관해 살펴보겠습니다. 불안증이 심한 아이들에게 공통적으로 나타나는 특징들을 '불안 특성'이라고 부릅니다. 불안장애가 있다고 해서 여기에 언급된 특성을 모두 갖는 것은 아니지만, 그 중 대다수는 전반적으로 이와 같은 특성을 보이는 것이 사실입니다.

그리고 불안 특성이 아이에게 득이 되는 부분에 대해서도 간단히 살펴보겠습니다. 아이들의 불안 특성을 완화시키고 불안증을 제어하기 위해 부모와 어른들이 활용할 수 있는 몇 가지 방법들도 함께 소개하겠습니다.

불안감을 키우는 성격이 따로 있나요? ___

불안해하는 성향을 가진 아이들은 보통 책임감이 강하고, 믿음직스러우며, 의욕도 강합니다. 이런 아이들은 대부분 성실하고 좋은 성적을 내기 위해 노력하는 착한 학생들이죠. 또 주변 어른들과 친구들을 기쁘게 하고, 그들로부터 인정을 받음으로써 안심하려는 욕구를 자주 드러냅니다. 이렇듯 쉽게 불안해하는 아이는 대체로 바르게 행동합니다. 그런데 낯선 사람들 틈에서는 겁을 먹고 말을 잘 하지 않지요.

이런 유형의 아이들은 또 완벽주의적인 성향을 가진 경우가 많습니다. 모든 것을 잘하고 싶어 하고, 실수를 하거나 결과가 만족스럽지 않으면 유난히 실망하거나 좌절하죠. 이런 특성이 높은 의욕과 결합되면 결과나 성과가 긍정적이더라도 스트레스로 이어지는 경우가 많습니다. 학교 성적도 좋은 편인데 대부분 좋은 점수를 받기 위해 지나칠 만큼 맹렬히 노력합니다. 이런 데서 받는 스트레스가 불안증을 키우고 결국 악순환이 됩니다. 또 자신이 완벽하지 못하다는 생각이 들면 여러 가지 부정적인 기분에 사로잡히고 자존감도 낮아지죠. 이처럼 완벽을 추구하는 아이들은 좀처럼 마음을 편히 갖지 못하고, 자신이 정한 기준이 터무니없이 높은 데도 결과가 그에 미치지 못한 것에 낙담합니다.

한편 역설적으로 들릴 수 있겠지만, 완벽을 추구하는 아이들은 종종 힘들어 보이는 과제를 회피하거나 미룰 때가 있습니다. 자신의 능력이 부족하거나 '실패자' 같은 기분이 드는 것이 싫어서 미리 차단하거나 미루는 거죠. 보기에는 그저 미루는 것 같지만 사실은 이것도 완벽주의적인 성향 때문입니다.

쉽게 불안해하는 아이들은 기본적으로 민감해서 빛과 소리 같은 외부 자극이나 다른 사람들의 행동 등 주변의 영향을 많이 받아요. 또 자기 몸에서 느껴지는 감각과 증상에도 몹시 예민하죠.

이런 특성을 가진 아이들은 거의 편히 쉬지 못합니다. 주변으로부터 긍정적인 반응을 얻고 높은 기준과 기대치에 부합하느라 너무 바쁘기 때문이죠. 마음을 놓고 편히 쉬는 시간이 있다면 자신이 정말 좋아하는 것을 할 때나 TV를 볼 때 정도뿐이에요. 불안 특성이 있는 아이들은 대체로 부지런하고 생산적입니다. 하지만 잘 모르는 사람들은 이들이 완벽주의적인 성향 때문에 어려운 과제를 회피하거나 미루는 것을 '게으르다'고 여기기도 합니다.

다음은 불안 특성의 몇 가지 특징들입니다.

불안 특성

- 책임감이 강하다.
- 완벽을 추구한다.
- 기대치가 높다.
- 비판을 받거나 거절당하는 것에 지나치게 민감하다.
- 통제 욕구가 강하다.
- 좀처럼 긴장을 풀지 못한다.
- 남을 기쁘게 하려는 경향이 있다.

- 자기 생각을 적극적으로 내세우지 못한다.
- 걱정이 많다.
- '꼭 해야 한다'고 생각하는 것들이 많다.
- '모 아니면 도' 하는 식으로 생각하는 경향이 있다.

불안한 아이들은 이런 생각에 빠져 있어요 ___

불안장애가 있는 아이들은 다양한 인지 유형을 갖고 있습니다. 그 가운데 가장 뚜렷한 유형이 '걱정'입니다. 즉 앞으로 일어날지도 모를 안 좋은 일에 대해 "…하면 어떡하지?" 같은 생각을 하는 것이죠. 걱정은 미리 마음의 준비를 하고 자신이 통제하는 기분을 느끼고자 하는 것입니다. 안타깝게도, 우리 뇌의 생존 센터는 "…하면 어떡하지?" 같은 생각이 들 때마다 그 일이 '어쩌면 일어날 수도 있는 것'이 아니라 '꼭 일어날 것'으로 간주합니다. 그래서 실제로는 위험하거나 위협적 상황이 전혀 아닌데도 투쟁 도주 반응을 일으키게 되죠.

걱정은 불안 특성의 일부분일 뿐만 아니라, 아이들이 갖고 있는 범불안장애의 주요 증상이며 거의 모든 불안장애의 증상이기도 합니다.

걱정은 이미 일어난 일을 후회하거나 자기의 실수를 자꾸 되새겨보는 등 과거에 치중되는 부분도 있지만 대부분은 자신이 원치 않는 미래의 일 또 그 일에 따른 부정적인 측면에 과도하게 집착하는 것입니

다. 범불안장애가 있는 사람들은 지나친 걱정 때문에 에너지를 소진시켜서 늘 피곤해하고 여기 저기 통증을 느낍니다. 걱정이 많은 아이는 마음 놓고 편히 자지도 못하죠.

불안증이 있는 아이들은 뭔가를 반드시 '해야 한다'는 생각도 자주 합니다. "꼭 좋은 점수를 받아야 해", "너무 많이 미루면 안 돼", "좀 더 체계적으로 생활해야 해" 같은 식이죠. 이런 생각은 완벽주의적인 성향과 마찬가지로 스트레스를 유발합니다. 이 장 뒷부분에는 이렇게 뭘 꼭 해야 한다는 생각을 포함해 불안증을 유발하는 다른 인지 유형들을 제거할 수 있는 구체적인 방법을 소개하겠습니다.

'모 아니면 도'라는 극단적인 사고도 불안증의 원인입니다. 이것은 모든 것을 좋고 나쁜 것, 옳고 그른 것으로만 판단하고 그 중간은 생각하지 않는 버릇이죠. "실수를 하는 순간 나는 바보가 돼", "처음에 조금이라도 배우지 못하면 아무리 노력해도 못 배울 거야", "뛰어나게 잘하지 않으면 못하는 것이나 다름없어", "무슨 일이 일어날지 확실하지 않을 때는 대개 나쁜 일이 일어나" 등 불안증이 있는 아이들은 이런 식의 흑백 사고를 많이 합니다.

불안 특성이 아이의 장점이 될 수도 있습니다 ___

불안 특성에 따른 성향이나 버릇은 몇 가지 좋은 점도 있습니다. 이 성향을 가진 아이들은 대체로 성적이 좋고 학교생활도 잘합니다. 또 다른 사람들이 원하는 것이나 기분을 잘 배려할 뿐 아니라 친구들도 잘 챙기고 친절하며 의리도 있죠. 겁만 먹지 않으면 또래들 가운데 리더 역할도 충분히 할 수 있습니다.

반면 불안 특성을 가진 아이들은 스트레스에 유난히 취약하고 쉽게 좌절합니다. 학교생활도 잘하고 운동도 잘하지만, 어른들을 기쁘게 하거나 또래들에게 인정받고 싶은 욕구에 휘둘려 마음은 늘 편치 않죠. 나이에 비해 책임감이 강하지만 결국엔 자신에게 실망하거나 부담만 더 크게 느낍니다.

또 그런 아이들은 사소한 것도 기분 나쁘게 받아들이고 상처를 받곤 합니다. 다른 사람의 기분을 맞추고 거절당하지 않으려 애쓰다 자기 입장은 포기하는 경우가 많아서 자기주장이 강한 아이들에게 이용당할 때도 있죠. 그러다보니 사람들을 피하고, 자기 안으로 침잠하고, 외로움을 타는 아이들도 있어요. 이런 것들은 모두 불안 특성의 안 좋은 점이라고 할 수 있습니다.

아이가 불안해하는 걸 어떻게 알아보나요? ___

학교에서는 불안증이 있는 아이를 식별하기 힘듭니다. 그 증상들이 문제 행동으로 드러나거나 수업을 방해하는 것은 아니기 때문입니다. 불안증은 내적인 문제로, 정식 훈련을 받지 않은 사람은 좀처럼 알아보지 못합니다.

불안증에 시달리는 아이들은 학교에서 보통 다음과 같은 모습을 보입니다.

🌼 **불안증을 겪는 아이의 학교 생활**

- 행동이 바르다.

- 예민하다.

- 완벽을 추구한다.

- 의욕적이다.

- 성적이 우수하다.

- 총명하다.

- 남을 의식한다.

- 다른 사람들의 기분을 맞춰준다.

어린이집에 다니는 어린 아이들은 대체로 다음과 같습니다.

🌼 **불안증을 겪는 아이의 어린이집 생활**

- 여기저기가 아프다고 한다.

- 분리불안을 보인다.

- 잘 집중하지 못한다.

- 또래들과 어울리지 못한다.

아이를 바꾸려하지 말고 도와주세요 ___

불안 특성을 가진 아이들의 불안감을 줄여주기 위해서는 어떻게 해야 할까요? 우선 아이가 갖고 있는 특성 때문에 스트레스와 불안감이 생기는 것은 아닌지 확인하고, 그 부분부터 해결해야 할지를 정해야 합니다. 단, 불안 특성은 해로운 면도 있지만 좋은 면도 있다는 것을 잊지 마세요. 우리의 목표는 아이의 성격을 바꾸는 것이 아니라, 아이를 힘들게 하고 스트레스를 받게 하는 부분들을 관리하는 것이니까요.

그 다음에는 해결해야 할 가장 심각한 특성이 무엇인지 알아보고, 적절한 행동 방식과 기술을 새롭게 익히도록 도와주세요. 아이가 남의 기분에만 지나치게 신경을 쓴다면 자존감을 키우는 것에 집중할 수 있도록 돕는 식으로요. 완벽주의적인 성향 때문에 힘들어하는 아이에게는 정해진 시간과 주어진 자료 안에서 최선을 다하는 것이 중요하다는 것을 알려주세요.

* * *

불안증을 유발하는 특성에 대해 알아보는 것은 아이들의 문제를 해결하는 데 매우 중요합니다. 이 장에서는 아이에게 불안장애가 생길 위험이 있는지 또는 이미 그런 증상을 보이고 있는지 확인하는 데 중점을 두었습니다. 제2부에서는 아이의 불안증 원인을 좀 더 자세히 알아보고 어른들이 도울 수 있는 방법도 다양하게 살펴보겠습니다.

아이들의 불안 특성을
줄여주는 방법

다음은 각각의 불안 특성을 가진 아이들에게 대안이 될 수 있는 기술, 개념, 행동 방식들로 열심히 익히면 도움이 되는 몇 가지 방법들이다.

지나친 책임감 : 능력에 맞는 합리적인 한계를 정하고 에너지를 조절하는 법을 익히게 한다. 건강과 행복을 해치지 않는 범위 내에서 최선을 다하게 하자. 스트레스 때문에 병이 생기는 것을 막으려면 에너지를 재충전하는 것이 얼마나 중요한지 알려주자. '책임감이 강한 것'과 '너무 많은 일을 하는 것'은 다르다는 것을 알려주고, 시급한 정도와 중요도에 따라 현명한 선택을 하는 법을 익히게 하자. 아이를 도와 자신이 가장 중시하는 가치를 기준으로 해야 할 일들의 '우선순위'를 정하게 하고, '도움'을 청하는 법을 가르치고, '거절'하는 법을 익히게 하자.

완벽주의 : '완벽한 것'과 '잘하는 것'을 구별하게 알려주자. 잘하는 것은 정해진 시간과 이용할 수 있는 자료 안에서 최선을 다하는 것이다. 과제를 세부적으로 분류하는 법을 가르치고 한 번에 한 가지에만 집중하게 하자. 늘 큰 그림을 염두에 두게 하고, '실수'는 배움의 기회로 생각하게 하자.

사라의 부모는 사라가 보고서를 쓰거나 학교 숙제가 많을 때마다 몹시 긴장한다는 것을 알아차렸다. 6학년인 사라는 착한 학생이었지만 과제에 필요한 영감이 떠오르지 않거나 좀처럼 풀리지 않으면 자신을 심하게 질책했다. 그리고 자신의 능력을 탓하며 과제를 아예 미뤄두곤 했다. 이런 행동은 당연히 상황을 악화시켰다. 사라의 부모는 전문가의 상담을 받고 딸의 이런 완벽주의적인 성향에 대안이 될 수 있는 방법을 찾았다.

사라는 과제를 하나의 큰 덩어리로 보는 대신 자신이 감당할 수 있을 만큼 세부적으로 나누는 법을 익혀 부담을 줄였다. 우선 과제를 처음부터 끝까지 여러 단계로 나누고 각 단계를 수행하는 데 드는 시간을 대략적으로 계산해 표로 만들었다. 또 반에서 '1등'짜리 과제를 제출하는 것보다는 과제를 수행하는 과정에서 배우는 것에 중점을 두는 쪽으로 마음가짐을 바꿨다. 부모는 사라를 격려하면서, 실수는 누구나 할 수 있는 정상적인 과정이며 뭔가를 새롭게 도전하는 법을 배우는 데 꼭 필요하다는 것을 일깨워줬다.

비현실적인 기대치 : 아이에게 합리적이고 성취 가능한 목표를 정하게 하자. 그러면 좋은 결과를 얻어 만족감을 누리게 할 수 있다. 필요하다면 새로운 목표를 정하게 하는 것도 좋다. 기쁘게 하는 것을 중요한 목표로 삼게 하고, 실망스러운 기분에 사로잡히는 것은 일시적이라는 사실을 받아들이게 하자.

> 불안 특성을 갖고 있던 나는 일을 끝내는 데 걸리는 시간을 너무 짧게 잡는 경향이 있었다. 또 모든 것을 이론상으로 생각하고 계획에 따라 착착 진행될 거라고 자만했다. 예측할 수 없는 상황과 어려움이 생길 것에 대비해 여분의 시간을 마련해두지도 않았다. 이런 특성을 고치기 위해 나는 계획을 세울 때마다 '임의적인 요소'를 추가하는 습관을 길렀다. 즉, 이동 시간을 계산할 때 교통 체증이나 도로 공사가 있을 것을 감안해 시간을 좀 더 잡아놓는 식이었다.

비판이나 거부에 대한 과한 반응 : 자기 자신과 긍정적으로 대화하는 기술을 익히게 해서 아이의 자존감을 키워주자. 다른 사람들의 비판은 자신을 더욱 나은 사람으로 만들어주는 피드백임을 알려주자. 올바른 경청 태도를 갖게 하는 것도 중요하다(상대의 말을 잘 듣고 충분히 이해한 다음 자신의 의견을 말하는 식). 또 많은 사람들이 자신을 비판하는 것은 아니라는 사실을 깨닫게 하자. 자신에 대해 부정적인 생각은 갖고 있을 거라고 생각하는 것은 본인의 느낌인 경우가 많다.

사회공포증을 갖고 있는 미쉘은 민감하고 수줍음을 많이 타는 열세 살짜리 소녀였다. 미쉘은 자신이 엉뚱한 말을 하거나 부끄러운 행동을 해서 다른 아이들의 비난을 받고 따돌림을 당할까 봐 늘 걱정이었다. 그래서 아이들이 가까이 있으면 몹시 불안해했고 가능한 한 그런 상황을 피하려고 했다. 그러다 상담사의 도움을 통해 자신의 생각이 잘못됐고 불합리하다는 것을 깨달았다. 사실 다른 아이들이 자신에 대해 갖고 있을 거라고 생각했던 것은 미쉘이 자기 자신에 대해 갖고 있던 부정적인 생각과 느낌이었다. 이제 미쉘은 자신에 대한 생각을 바꾸고 장점들에 중점을 두기 시작하면서, 자기 자신에 대해 마음에 들지 않았던 부분을 고치기 위해 노력했다. 상담사는 교사나 간호사처럼 정서적인 민감함이 요구되는 직업이 많다면서 미쉘의 민감한 성향도 잘 활용할 수 있을 거라고 말해줬다. 미쉘은 또 긍정적인 피드백과 비난의 차이도 이해할 수 있게 되었다. 피드백은 우리가 하는 일이나 행동을 개선하는 데 도움이 되는 유용한 정보인 반면 비난은 누군가의 문제를 공개적으로 드러내는 부정적인 반응이다.

다른 아이들과 효과적으로 소통하는 방법을 익히는 것도 큰 도움이 되었다. 자신의 기분이나 의견을 적극적으로 주장하는 법을 익히고 나자 미쉘은 사람들과 어울리는 것이 훨씬 편안해졌다.

강한 통제 욕구 : 다른 사람을 통제하는 것은 자신의 안전을 확인하고 안심하고자 할 때 하는 행동임을 알려주자. 그리고 다른 사람을 통제

할 수는 없다는 것을 받아들이게 하고 대신 자신을 통제하는 것에 중점을 두게 하자(자신의 생각이나 감정, 행동).

긴장을 풀지 못하는 것 : 아이에게 긴장을 푸는 법을 알려주고 편히 쉴 수 있는 기회를 만들어 주자. 독서, 음악 감상, 낮잠, 게임, 스트레칭, 요가 등 몸과 마음을 편히 쉬게 할 수 있는 여러 가지 방법들도 추천해보자. 건강을 위해서는 놀이나 기분 전환이 꼭 필요하다는 것을 알려주고 부모가 직접 실천하면서 좋은 본보기를 보여주자.

자신을 희생하면서 다른 사람의 기분을 맞춰주려는 성향 : 긍정적인 피드백으로 아이의 자존감을 높여주자. 누가 칭찬을 하면 어떻게 행동하는지도 알려주자(눈을 맞추고 "감사합니다"라고 말하기). 아이가 가진 장점과 강점을 부각시켜서 그런 부분에 초점을 맞추게 하자. 또 모든 사람을 늘 만족시킬 수는 없다는 것을 인정하고 받아들이게 하자.

자기 생각을 제대로 표현하지 못하는 것 : 자기 생각을 효과적으로 표현하는 기술을 가르치자. 올바른 의사소통을 위한 4단계 공식을 가르쳐주면 많은 도움이 될 것이다. 4단계는 상대방의 의견에 공감하기, 자신의 감정이나 욕구를 '나'로 시작하는 문장으로 표현하기, 해결책이나 결과 제안하기, 합의에 이르다. 아이나 주변 사람들과 대화를 할 때 당신부터 이 기술을 활용해보라.

마리아는 매우 예민하고 내성적인 열다섯 살짜리 소녀다. 마리아에게는 제일 친한 친구가 한 명 있었는데, 그 친구는 걸핏하면 둘이 같이 하기로 계획했던 것을 취소하고 다른 아이들과 하곤 했다. 그럴 때마다 마리아는 기분이 상하고 화가 났지만 아무 말도 하지 못했다. 자신의 기분을 솔직히 말하면, 그 친구는 변명을 늘어놓거나 화를 낼 것 같았고 더 이상 자신을 좋아해주지 않을까봐 두려운 생각마저 들었다. 마리아는 자신의 생각을 표현하는 능력이 부족했고 이럴 때 어떻게 대화해야 하는지 알지 못했다.

치료를 받으며 마리아는 자기 생각을 표현하는 4단계 공식을 배웠다. 상담사는 그 방법을 써보기 전에, 마리아 자신은 어떤 결과를 원하는지 생각해보라고 했다. 친구가 자신을 좀 더 존중하고 책임감 있게 행동하기를 바라는가? 사과하기를 원하는가? 친구 관계를 계속 유지하고 싶은가? 이 과정이 중요한 이유는, 공식의 3단계에서 자신이 원하는 해결책을 제안해야 하기 때문이다.

마리아는 첫 단계로 친구에게 전화를 걸어 친구의 사정에 공감한다는 뜻을 전했다.

"너도 나만큼 바쁜 거 알아. 시간을 어떻게 써야 할지 고민할 때가 많을 거야. 시간에 쫓기는 기분까지 들겠지."

그런 다음 자신의 기분을 표현했다.

"나는 우리의 우정을 매우 중요하게 생각하기 때문에 너랑 같이 세운 계획들도 늘 기대했었어. 하지만 네가 그 계획들을 취소할 때마다 무척 실망했지. 우리 사이가 멀어지는 것은 아닐까 하는 생각까지 들었어."

그리고 3단계로 자신이 생각한 해결책을 제시했다.

"나와 뭘 같이 하기로 계획을 세우기 전에 진짜 할 수 있는지 네가 먼저 잘 생각해주면 고마울 것 같아. 그러면 내 스케줄을 정하는 데도 도움이 될 거야."

끝으로 마리아는 이렇게 물으며 합의를 이끌었다.

"내 뜻대로 해줄 수 있겠니?"

치료사는 지킬 가치가 있는 우정이라면 서로의 갈등을 해결하기 위해 노력하고 감정을 솔직히 나눌 수 있어야 한다는 것을 다시 한번 일깨워줬다. 그리고 솔직한 대화 때문에 친구 관계가 깨졌다면 그 우정은 그리 깊은 것이 아니라고 했다.

자주 걱정에 사로잡히는 것 : 걱정을 한다고 해서 곧 닥칠 일에 도움이 되는 것은 아님을 아이에게 알려주자. 대신 계획을 세우는 법을 가르치자. 걱정하는 것은 좋지 않은 습관임을 알려주고, 그보다는 합리적으로 생각하는 법을 익히게 해야 한다. 비현실적인 걱정에는 "그래도 난 괜찮아" 같은 말로 이겨내게 하고 좀 더 생산적인 일에 몰두하도록 격려하자.

발랄하고 말도 잘하는 리사는 열한 살이었고 범불안장애 때문에 상담을 시작했다. 리사는 걱정거리가 많았는데 특히 건강에 대한 염려증이 심각했다. 몸이 아프기라도 하면 곧 죽을지도 모른다고 생각했고, 음식도 '안전하다'고 판단되는 것만 가려 먹었다. 또 늘 학교에 늦을까 봐 걱정했고, 부모님에게 안 좋은 일이 생길까 봐 걱정했으며, 성적에 대한 걱정도 끊이지 않았다(매우 우수한 학생이었는데도).

나는 리사가 그렇게 걱정하는 것은 하나의 습관이며, 적절한 교육을 받고 새롭게 사고하는 법을 익히면 바꿀 수 있다고 했다. 그리고 걱정에는 무해한 걱정과 비극적인 걱정 두 가지가 있다고 알려줬다. 수업 시간에 늦을지 모른다는 무해한 걱정은 이렇게 말하는 연습을 하라고 했다.

"수업에 좀 늦으면 어때? 그렇다고 세상이 끝나는 것은 아니잖아."

부모님에게 나쁜 일이 생기거나 자신이 병으로 죽을 것 같은 비극적인 걱정에 대해서는 그 걱정의 타당성과 실제 일어날 가능성을 곰곰이 판단해보라고 했다. 혼자 이렇게 말하는 연습도 시켰다.

"그 일이 일어날 가능성은 아주 낮아. 그러니까 나는 그 일에 대해 걱정할 필요가 없어."

정상 체중을 회복하기 위해 리사는 매주 한 가지씩 새로운 음식을 먹기로 약속했다. 또 리사는 다른 두 가지 방법으로도 효과를 봤다. 하나는, 날마다 걱정하는 시간을 따로 정하되 그 시간이 15분을 넘겨서는 안 되고 잠자리에 들기 바로 전 시간은 피하는 것이었다. 리사는 그 몇 분 동안 집중해서 걱정을 했고, 다른 때 드는 걱정들은 모두 '걱정 시간'으로 몰았다. 이렇게 하자 리사는 걱정하는 버릇을 스스로 통제할 수 있게 되었다.

두 번째 방법은 가장 걱정되는 것을 종이에 써서 여러 겹으로 접은 다음 집안의 특별한 곳에 감춰두게 하는 것이었다. 그리고 그 종이를 펼쳐볼 때만 거기에 적힌 걱정을 하게 하는 규칙을 정했다. 그러자 걱정으로 허비하는 시간을 줄이고 다른 일에 몰두할 수 있게 되었다.

'꼭 해야 할' 것들이 너무 많은 것 : 아이에게 "나는 …을 해야 해"라는 생각 대신 "나는 …을 선택해서 할 수 있어"라고 생각하게 하자. 그리고 선택의 개념에 대해 잘 알려주자. '하고 싶은 것'과 '해야 하는 것'의 차이도 구별해주자.

캐롤린은 규칙이 엄한 집안에서 자랐고 어른이 되어서도 변함없이 행동했다. 어릴 때부터 그녀는 늘 얌전히 있고, 화를 내서는 안 되고, 시키는 것은 뭐든 해야 한다고 배웠다. 사춘기 때는 점점 드러나는 여자다운 매력을 억누른 채 살아야 했다. 성인이 되어 치료를 받던 캐롤린은 스스로를 '청교도'라고 칭했다. 옷도 아주 보수적으로 입고, 부모의 뜻을 거스른 적이 없으며, 늘 시키는 대로 하며 살아왔기 때문이다. 치료를 받기 전 그녀는 1년 남짓한 불행한 결혼 생활을 끝낸 뒤 엄청난 죄의식을 느끼며 공황장애를 앓고 있었다.

캐롤린의 불안감을 줄이고 정서적 위축 상태를 해소하기 위해, 나는 자신이 '해야 한다'고 생각하는 것들을 죽 적어보게 했다. 그런 다음 적은 내용을 다시 읽으면서 그대로 두고 싶은 것과 삭제하고 싶은 것을 그녀 스스로 결정해보라고 했다. 이 과정을 통해 캐롤린은 자신이 실제로 가치 있게 여기는 것 그리고 부모님, 전 남편, 그 외 여러 가지 이유 때문에 어쩔 수 없이 해야 한다고 생각했던 것들을 구분할 수 있게 되었다. 그녀는 자신의 감정에 충실하게 되었고 자기 생각도 서서히 드러낼 수 있게 되었다. 몇 달 사이에 캐롤린은 웃는 일이 많아졌고 독단적인 규칙과 제약으로 부담스러웠던 삶도 한결 가벼워졌다.

'모 아니면 도' 식의 사고 : 성급히 판단하지 않도록 가르치자. 인생은 생각만큼 단순하지 않으며, 늘 정해진 범주에 꼭 들어맞는 것은 아니라는 사실을 알려주자. 그리고 아이가 융통성 있게 생각하고 행동할 수 있도록 함께 노력하자.

이제 아이의 불안증이 어떻게 유발되는지 좀 더 자세히 알아보고 어른들이
도울 수 있는 방법도 찾아보자.

아이의 발달단계에 따라 겪는 스트레스와 압박은 무엇이고 그로 인해 생기는
문제에 대한 조언도 살펴보자. 또한 여기에서는 불안감을 조성하는 환경적인
요인 및 가족과 사회의 영향을 다루고 있다. 성과에 대한 압박, 전쟁과 테러,
언론, 학교 문제, 종교, 성별, 이혼, 부모의 불안, 건강과 관련된 문제들이 모
두 이에 속한다. 또 이런 요인들의 영향을 최소화해서 아이가 느끼는 불안감
을 줄여줄 수 있는 여러 가지 방법도 제시돼 있다.

아이에게
왜 불안이 생길까

아이의 발달 단계에 따른 불안

이 장에서는 아이들이 발달 초기 단계에 불안해하는 원인을 자세히 살펴보겠습니다. 가장 먼저 다룰 것은 '유대감의 위협'입니다. 어린 아이들은 부모와의 유대를 통해 자신이 안전하다고 느낍니다. 또 어떻게 해야 자라면서 불안감을 덜 느낄 수 있는지 그 방법들도 알아보겠습니다.

아이들의 불안감은 성장에 관여하는 자연의 법칙이 어긋나거나, 잘못되거나, 위협받을 때 시작됩니다. 아이들은 새로운 뇌구조가 생성됨에 따라 그에 상응하는 여러 단계를 거쳐 순차적으로 발달합니다. 이것이 자연이 만들어 놓은 계획입니다. 발달이 순조롭게 진행되려면 알맞은 자극이 주어지고 올바른 역할 모델이 있어야 합니다. 아이에게 가장 중요한 역할 모델은 부모나 자신을 돌봐주는 사람들입니다. 하지만 그들의 역할이 자연의 계획을 따르지 않을 때는 그들 역시 아이를 불안하게 만드는 원인이 될 수 있습니다.

탄탄한 유대가 마음의 면역력을 높입니다 ___

부모와 아이가 맺고 있는 유대의 질은 아동의 불안증에서 가장 핵심이 되는 사안 중 하나입니다. 아이는 태어나기 전부터 부모와 유대를 맺습니다. 유대는 사람과 사람 사이에 맺어지는 강렬한 정서 관계로서 서로를 믿고 의존하는 것이라고 할 수 있죠. 유대는 다양한 수준의 친밀함과 언어적·비언어적인 의사소통을 기반으로 형성됩니다. 아이가 부모와 맺는 유대는 타고난 생존 기제이며 안전함을 확신할 수 있는 바탕이 됩니다.

아동의 발달은 여러 단계의 유대를 통해 진행됩니다. 엄마와의 유대는 태어나기 전 엄마의 뱃속에 있을 때부터 시작돼 출생 후에도 계속 이어지죠. 또 유대는 아빠, 자신을 돌봐주는 다른 사람, 또래, 자연, 그리고 전능한 존재와도 맺어질 수 있어요. 순조로운 발달을 위해서는 각 단계에 안정적인 유대가 맺어져 탐험과 학습이 풍부하게 이뤄지고, 전 단계를 확실히 마친 후 다음 단계로 이어져야 합니다. 유대를 맺지 못하거나 이미 맺어진 유대가 깨지면 다음 단계에 필요한 능력을 갖추지 못하고 자신감도 낮아져서 불안해질 수 있고 우울증이 생기기도 합니다. 이제 유대와 불안의 관계에 대해 좀 더 자세히 살펴보겠습니다.

불안장애도 유전이 되나요? :

불안장애의 원인으로 가족력도 있지만 반드시 발현되는 것은 아닙니다.

아이는 태아 때부터 엄마와 생물학적으로 친밀하게 연결됩니다. 아이는 엄마의 몸을 통해 산소와 성장에 필요한 영양을 얻고 병에 걸리는 것을 피합니다. 엄마는 임신 중일 때도 뱃속에 있는 아기와 대화를 나누죠. 그런 의사소통은 엄마와 태아의 심장 세포가 서로의 존재를 느끼며 고동치는 세포 단계 때부터 이미 시작됩니다. 살아있는 두 심장 세포를 현미경 슬라이드 위에 어느 정도 거리를 두고 올려놓으면 그 둘은 여전히 각자의 속도에 따라 고동칩니다. 하지만 두 세포를 가깝게 붙여 놓으면 마치 하나의 심장처럼 같은 속도로 고동침으로써 '의사소통'을 합니다. 또 태아는 엄마의 목소리가 들리거나 주변의 소음이 들리면 신체를 움직여 즉각적으로 반응하죠. 엄마가 내는 소리와 태아의 움직임은 정확히 맞아떨어집니다. 따라서 엄마와 아이의 유대는 태어나기 훨씬 전부터 시작됩니다.

마찬가지로, 임신한 엄마의 스트레스는 태아의 생물학적인 부분에 많은 영향을 미칩니다. 갑자기 증가된 엄마의 혈중 스트레스 호르몬은 곧바로 태아에게 이어지게 되니까요. 그래서 어떤 아이들은 태아 때 이미 스트레스 호르몬에 노출됨으로써 불안해하는 성향을 타고나기도 합니다. 태아 알코올 증후군도 이와 비슷합니다. 태아 때부터 높은 혈중 알코올 농도에 노출되면 알코올에 따른 여러 문제를 갖고 태어납니다. 임신 중 약물 복용을 조심해야 하는 것도 이와 같은 맥락입니다.

불안증을 일으키는 유전적인 요인은 태어날 때 이미 갖고 있습니다. 이것이 바로 '생물학적인 민감성'입니다. 불안증을 일으키는 특정 유전자는 아직 밝혀지지 않았지만, 불안증에 대한 가족력과 아이의 불안증 사이에는 분명한 상관관계가 있습니다. 그러나 생후 초기 힘든 경험을 하거나 심한 스트레스를 받지 않으면 유전적 요인 때문에 장애가 발생하기는 어렵습니다.

출생의 경험 :

태아 단계의 유대는 출생하면서 끝이 납니다. 출생과 함께 엄마와 아이의 유대는 대부분 붕괴되며 아이는 이때 처음 불안감을 느낍니다. 자연은 여러 가지 기발한 방법으로 엄마와 아이가 자연스럽게 분리되는 과정을 설명하고 있습니다. 그 중 하나가 탯줄의 길이입니다. 탯줄의 평균 길이는 약 60센티미터로, 태어난 아기가 탯줄을 단 채 엄마의 가슴에 안겨 있기에 딱 알맞은 길이죠. 탯줄은 아기가 엄마의 자궁에서 바깥세상으로 나오는 동안 계속 혈액과 산소를 공급해줄 뿐 아니라 신생아와 엄마를 생물학적으로 계속 연결되게 함으로써 유대를 지속시켜줍니다. 그런데 아기가 엄마와 너무 일찍 분리되면 유대가 끊어지면서 처음으로 불안한 기분을 느끼게 되는 것이죠. 병원에서는 아기가 태어나자마자 탯줄을 잘라 엄마와 아기를 분리시켜버리기 때문에 이런 경우가 허다합니다.

프로이트는 아기가 엄마와 분리되면서 생긴 트라우마 때문에 불안증이 생길 수 있다고 주장했습니다. 또 자신을 돌봐주는 사람, 즉 엄마의 사랑을 잃을 수 있다는 상상도 불안의 원인이 될 수 있다고 했습니다. 불안의 근원을 연구하면서, 프로이트는 영유아들에게서 흔히 나타나는 '무기력한' 상태를 강조합니다.

출생은 아이가 처음으로 겪는 전면적인 자극이자 스트레스입니다. 자연은 일정 시간 부신 피질 호르몬, 즉 두려움을 느낄 때 분비되는 투쟁 도주 호르몬과 같은 것을 분비하게 함으로써 아기가 충격을 받지 않도록 준비시킵니다. 아기는 좁은 산도를 효과적으로 통과하기 위해 몸을 수축하는데 이런 식의 투쟁 도주 반응은 아기가 받을 스트레스를 막아줍니다. 이와 동시에 다른 호르몬들도 분비돼 출생 후 새로운 것들을 배울 수 있도록 뇌를 준비시킵니다.

수잔 암스(Suzanne Arms)는 《순결한 속임수(Immaculate Deception)》에서, 마취제 같은 약물 사용으로 출산의 전 과정이 너무 지연되고 복잡해지는 경우가 많다고 했습니다. 출산할 때 엄마의 몸에서는 자연스럽게 아드레날린이 생성되며, 아기도 좁은 산도를 통과할 때 이 호르몬 분비가 급증합니다. 그런데 마취제를 쓰면 이 호르몬의 분비에 방해가 될 수 있죠. 그렇게 되면 출산 과정이 상당히 지연되며 진통 시간이 길어질 수밖에 없어요. 이런 상황은 엄마와 아기 모두에게 큰 불안감을 주는데 위험할 경우에는 또 다른 약물을 써야 할 수도 있습니다. 또 출산할 때 겸자나 흡입 장치 등 아기의 연약한 머리에 위험한 기계를 쓰거나 산모에게 회음부절개술을 시행하면 후유증이 생기기도 합니다. 출산은 최적의 환경에서도 대단히 충격적일 수 있는 경험입니다.

인공적인 출산이 불안을 유발하는 가장 큰 이유는 이제 막 태어난 아기를 엄마와 떼어놓기 때문입니다. 최근까지만 해도 병원에서 출산을 하면 흔히 있는 일이었죠. 이렇게 엄마와 분리되면 아기가 태어나느라 겪은 스트레스를 풀고 회복하는 데 지장이 생깁니다. 태어나서 곧바로 엄마의 가슴에 안겨 엄마의 심장박동 소리를 듣고 따스한 느낌을 전달받으면 아기는 이완반응(relaxation response, 투쟁 도주 반응과 상대적인 개념)을 일으킵니다. 출생 직후 엄마와 분리시켜 아기의 이완 반응을 막는 것은 자연이 세워놓은 계획을 처음으로 어기는 것이며 불안의 시초가 됩니다. 다행히 병원 출산은 많이 발전해서 이제는 분만실에 엄마와 아이는 물론 가족과 친구들까지 함께 있을 수 있어 훨씬 자연스럽고 편안한 분위기를 갖추게 되었습니다.

개인적으로 부모가 출산 과정에 직접 참여하면 어떤 방법보다 끈끈하게 아이와 연결될 수 있다고 믿습니다. 아이들과 맺어진 깊은 정서적인 유대는 아이가 성인이 될 때까지도 유지될 수 있습니다. 태어나서 처음 벌어지는 출생이라는 사건에서 부모 모두가 아이와 유대를 쌓게 되면, 아이들이 살면서 겪는 불안증도 현저히 줄어들 것입니다.

출생 후의 유대 :

갓 태어난 아기가 빛과 어둠 외에 눈으로 인식할 수 있는 것은 사람의 얼굴 딱 하나뿐입니다. 이 역시 인간의 생존을 위해 만들어놓은 자연의 또 다른 이치죠. 어떤 연구에 따르면 신생아들은 자기 얼굴에서 30센티미터 안쪽에 보이는 얼굴만 알아볼 수 있다고 합니다. 그러므로 엄마나 아기를 돌보는 사람은 아기와 이 정도로 가까운 거리를 유지해야 순조롭게 유대를 맺을 수 있습니다. 신생아들은 깨어 있는 시간의 80퍼센트를 사람의 얼굴에 집중하며 그 얼굴이 움직이는 대로 눈으로 쫓습니다. 엄마가 얼굴을 가까이 대고 이렇게 중요한 자극을 주지 않으면 아기는 스트레스를 받고 불안해하는 증상을 보일 수 있죠. 유대는 상호간에 일어나는 과정입니다. 아기가 부모를 바라보면, 부모는 아기를 안아주거나 애정어린 행동을 보여줌으로써 유대를 형성할 수 있습니다.

얼굴을 알아보는 것은 유대를 맺는 방식 중 하나일 뿐입니다. 유대는 서로 살을 맞대는 신체적인 접촉을 통해서도 이뤄지니까요. 사실 유대와 안정, 신뢰, 안심, 불안 예방에 있어서 스킨십이 가장 중요합니다.

모유 수유는 부모와 아이의 유대를 촉진하고 분리불안을 막기 위해 자연이 만들어놓은 또 하나의 섭리입니다. 하지만 안타깝게도 요즘은 이 좋은 기회를 놓치는 엄마들이 많지요. 엄마가 일을 하는 경우는 더욱 그렇습니다. 아기가 자신에게 의존하는 시간을 줄이고 짧은 출산 휴가 후 다시 직장으로 복귀하기 위해 모유 대신 분유를 먹이는 엄마들이 많은데, 이러다 보면 생후 초기 아기와 접촉할 수 있는 시간이 크게 줄 수 있습니다. 엄마와 아기 사이에 충분한 신체적 접촉이 이뤄지지 않으면 발달에 꼭 필요한 요소, 즉 신뢰와 안정감이 형성되지 못하고 불안을 키울 수 있습니다. 그래서 부모가 맞벌이를 하는 경우도 아기의 분리불안을 초래할 수 있죠. 한편 유대는 생물학적인 부모 외에 자신을 꾸준히 돌봐주는 사람과도 맺어질 수 있습니다. 또 분유를 먹

일 때도 충분히 친밀한 신체 접촉이 가능합니다.

　스웨덴에서는 직장 여성이 출산을 하면 정부에서 1년 동안 유급 출산 휴가를 보장해줍니다. 그래서 생후 초기 신뢰와 안정감이 형성되는 중요한 시기에 엄마는 아기와 함께 지낼 수 있죠. 최근에는 아빠들에게까지 이런 보장이 확대됐습니다. 스웨덴 정부는 부모와 자녀의 유대를 위해 투자를 하면, 유대와 관련해 초래되는 심각한 문제들을 막을 수 있다는 것을 인지하고 있습니다. 스트레스와 불안장애 같은 심각한 문제가 생기면 병원과 상담 치료뿐 아니라 고가의 사회 복지 프로그램이 필요할 수도 있으니까요. 우리 사회도 근무 시간을 탄력적으로 운영하고, 시간제로 일할 수 있는 기회를 늘리고, 일자리를 나누고, 직장 내에 어린이집을 설치하는 등의 방향으로 나아가야 합니다.

부모와의 유대는 자존감의 밑거름 ：

부모와 강하고 끈끈한 유대가 형성되면 아이는 세상과 사람들을 안전하고, 믿을 수 있으며, 예측 가능한 것으로 받아들이게 됩니다. 탄탄한 유대는 아이에게 면역력을 갖게 해서 불안증을 막아주는 효과가 있으며, 앞으로 아이가 사랑받고, 주목받을 가치가 있고, 강력한 자아를 형성하는 밑바탕이 됩니다. 유대는 자존감의 밑거름인 만큼 부모와의 유대가 마련되지 않으면 주변 사람들에게 좋은 반응을 얻고 칭찬을 들어도 밑 빠진 독처럼 다 새어나가 버립니다.

　유대는 출생 전부터 시작돼 유아기에도 계속 진행됩니다. 또한 유대는 청소년기까지 지속적으로 이어지며 청소년들은 여전히 어른들에게 의지해 안전을 확보하고 삶의 방향을 결정합니다. 아이들이 자신을 돌봐주는 사람과 유대를 맺는 것은 매우 강력한 생존 본능입니다. 그래서 아이들은 아주 힘겨운 상황 속에서도 유대를 맺습니다. 다시 말하면 아이들은 자연이 만들어놓은 프로그램에 따라, 자신을 돌봐주는 사람이 자신을 방치하고, 성숙하지 못하게 행동하고, 교활하고, 게으르고, 심지어 학대까지 해도 그들과 유대를 맺는다는 뜻입니다.

한편 사랑이 충만한 가정이라도 부모와 아이 사이에 건전하지 못한 애착 관계가 형성될 수 있는데 이 역시 불안증으로 이어질 수 있습니다. 즉, 부모가 분리불안을 겪을 만큼 아이에 대한 집착이 심하거나, 아이의 능력을 의심해 혼자 할 수 있는 것도 지나치게 걱정하는 경우입니다. 부모가 이렇게 행동하면 아이는 주눅이 들어서 세상과 자유롭게 소통하지 못하고 정상적인 탐험도 망설이게 됩니다.

부모가 불안정하고, 약한 모습을 보이고, 보호를 요하는 상황이면 그 불안감이 아이에게도 고스란히 전해집니다. 그러면 아이는 자신이 독립적인 존재로 성장하는 것을 두려워하고 죄의식마저 느낍니다. 이런 불안정한 애착 관계는 한 부모 가정에서 나타날 가능성이 더 큽니다. 특히 이혼 후 양육권을 가진 엄마나 아빠가 아이에게 지나치게 의지하면서 친밀함과 동지애를 확보하고자 하는 경우는 더욱 그렇습니다. 이럴 때 아이는 부담스러운 책임감을 느끼게 되고 이는 스트레스와 불안으로 이어질 수 있습니다.

건전한 유대를 만들려면 어떻게 해야 할까요? :

부모로서 우리가 지닌 역량은 우리 자신의 어릴 적 경험에 큰 영향을 받습니다. 좀 더 구체적으로 말하면, 우리가 부모와 맺었던 유대의 질이 자신의 육아 방식에 영향을 미칠 가능성이 크다는 뜻입니다. 그러므로 아이를 위해 할 수 있는 가장 중요한 일은 자의식을 확립하고, 바람직한 육아에 방해가 되는 것들은 무엇이든 해결하는 것입니다. 다음과 같은 몇 가지 질문들을 생각하면서 좀 더 관심을 둬야 하는 부분이 있는지 알아봅시다.

- 당신은 어머니, 아버지와 어떻게 지냈는가? 그분들 각자의 육아 방식을 어떻게 생각하는가?
- 부모님이 했던 방식 중 따라하고 싶거나 하고 싶지 않은 것이 있는가?
- 어릴 적 겪었던 일 가운데 지금까지 당신의 삶에 영향을 미치는 것들이 있는가?
- 당신이 힘들어할 때 부모님은 어떻게 했는가? 당신의 상황을 공감하고, 이해하고, 지지해줬는가? 어머니와 아버지의 대응 방식에 차이가 있었는가?
- 당신이 행복하거나 신나할 때는 어떻게 했는가? 당신과 함께 기뻐해줬는가? 어머니와 아버지의 대응 방식이 달랐는가?
- 부모님 외에 훌륭한 부모의 모범이 되어줄 다른 어른이 있었는가?
- 당신 자신의 모습과, 당신의 육아 방식에 있어서 바꾸고 싶은 부분이 있다면 무엇인가?

어릴 적의 불안은 뇌의 발달에도 영향을 줍니다 ___

지금까지 우리는 아이의 불안을 줄이고 안정감의 바탕이 되는 유대의 역할에 대해 알아보았습니다. 이제는 아이의 발달 단계에서 중요한 다른 사안들을 고려해볼 차례입니다. 우선 뇌의 발달과, 그것이 아이의 불안에 미치는 영향에 대해 알아보겠습니다.

　인간의 뇌는 가장 기본 구조인 '뇌간(brain stem)'을 시작으로 크게 세 단계로 성장합니다. 척수와 함께 거대한 신경망으로 이뤄져 있는 뇌간은 '연수(medulla oblongata)'로도 알려져 있죠. 뇌간은 습관적이고 반복적으로 작용하면서 우리의 감각 운동 기능을 통제하는 역할을 합니다. 제1장에서 언급된 생존 반응을 주관하는 것이 바로 뇌간입니다. 위협을 받거나 위험에 직면했을 때 투쟁 도주 반응을 일으키는 것이 바로 이 부분이죠. 파충류 같은 일부 동물들은 뇌가 이 구조로만 이뤄져 있어서 외부 자극에 반응하는 방식이 몇 가지 안 됩니다.

　다음에 발달하는 것이 '변연계(limbic system)'인데, 뇌의 아랫부분 둘레(limbs)로 퍼져 있어서 이런 이름이 붙었습니다. 변연계는 정서적인 뇌로도 알려져 있죠. 뇌간이 외부 세계를 인식하게 해준다면, 변연계는 외부와의 관계에 있어서 우리가 느끼는 내적인 감정을 자각시켜줍니다. 변연계는 아이가 기어다니다 걸음마를 시작하면서 세상을 새로운 방식으로 바라보는 단계에 발달하기 시작합니다. 불안감이 생기는 자리가 바로 이 변연계입니다. 변연계는 스트레스와 두려움, 또 부정적인 일들과 관련된 여러 감정들을 '기억'합니다. 이 단계에 대뇌 측두엽(temporal lobe)은 변연계를 도와 기억을 관장합니다.

세 번째 단계로 발달하는 '신피질(neocortex)'은 언어와 사고 능력을 담당합니다. 뇌간 및 변연계보다 최대 다섯 배나 넓은 부위를 차지하고 있는 신피질(대뇌 피질이라고도 함)은 1,000억 개의 신경 세포로 이뤄져 있고, 각 신경 세포들은 수만 개의 다른 신경 세포들과 결합해서 협력적인 행동을 가능하게 합니다. 신피질이 발달하면 과거와 현재, 미래를 인식할 수 있게 되지만 예상 밖의 문제도 함께 발생합니다. 앞으로 일어날 일을 걱정하는 능력이 생긴 것입니다. 과거를 기억하고 미래를 생각하는 능력은 불안감의 인지적 기초를 이룹니다.

연구에 따르면 뇌는 스트레스나 불안감을 극복하는 데 치중하지 않을 때 최대의 능력을 발휘한다고 합니다. 우리가 불안해하거나, 긴장하거나, 갈팡질팡하거나, 불안정하면 세 영역으로 관심이 분산되고 각 영역은 각자의 기능을 따로 수행합니다. 아이의 뇌가 계속해서 스트레스나 트라우마를 처리해야 한다면 뇌간이 우선적으로 발달하게 되겠죠. 실제로 스트레스를 자주 겪는 아이들의 뇌간은 스트레스가 낮고 안정적인 환경의 아이들보다 클 수 있습니다. 세포가 더 크게 자라기 때문이죠.

힘든 상황 속에서 뇌가 생존을 위해 분투해야 한다면, 아이의 지적 발달에 문제가 생기고 신피질의 기능이 저하됩니다. 상당한 스트레스와 불안감을 겪고 있는 아이들은 실제 뇌의 모습이 다릅니다. 자기 공명 영상(MRI)을 이용해 연구한 결과를 보면, 난폭한 범죄를 저지른 아이들이나 청소년들은 이미 그 전에 생긴 트라우마 때문에 뇌가 손상된

증후를 보이는 것으로 나타났습니다. 어린 시절에 받은 충격과 방치된 기억 역시 뇌의 성장을 전반적으로 저해합니다. 그래서 이렇게 잘못 발달된 뇌를 다시 되돌리는 치료나 노력은 시간이 많이 걸리며 새롭게 생각하는 법과 기술을 반복적으로 연습해야 합니다.

인간의 뇌는 쓰지 않으면 퇴화합니다. 스트레스와 트라우마를 처리하느라 바쁜 아이의 뇌는 명상, 사색, 추론, 분석적인 사고, 창의력 같은 고차원적인 인지 능력이 제대로 발달하지 않을 수도 있습니다.

뭔가를 배울 때 가졌던 마음 상태는 우리가 배운 것에 그대로 존재합니다. 마음이 부정적인 상태일 때(걱정, 긴장, 불안) 뭔가를 배우면 배운 것을 떠올릴 때마다 그 상태도 같이 떠오르고 그와 연관된 특정한 호르몬들이 변연계의 통제를 받으며 분비됩니다. 그리고 인체 내부에 퍼져야 할 뇌의 전령 물질들이 고립됩니다. 이렇게 되면 스트레스와 불안을 겪은 적이 있는 사람은 또 다른 어려움에 봉착하죠. 그래서 이런 사람들은 차분히 안정된 새로운 마음 상태에서, '다시 배워야 할' 필요가 있습니다. 따라서 심리 치료에서는 새로운 학습법과 사고방식을 배울 수 있는 안전한 환경을 마련해줍니다.

네 살쯤 되면 신피질의 좌반구와 우반구를 연결해주는 '뇌량(corpus callosum)'이 발달해서 학습이 빠르게 진행됩니다. 이 시기의 아이들은 자신과 타인을 구분하기 시작하면서 개별성과 분리에 관한 개념을 습득하게 되죠. 이전까지는 엄마처럼 자신이 안전하다고 생각하는 대상과 자신을 동일시했지만 이제는 그 대상과 자신을 분리해 따로 인식하게 됨으로써 분리불안과 관련된 악몽을 자주 꿉니다. 주변 환경이 안

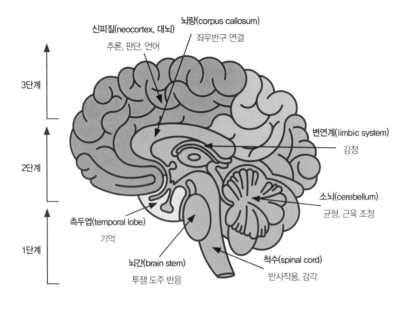

그림 1 • 뇌의 구조

신피질(neocortex, 대뇌)
추론, 판단, 언어

뇌량(corpus callosum)
좌우반구 연결

변연계(limbic system)
감정

소뇌(cerebellum)
균형, 근육 조정

측두엽(temporal lobe)
기억

척수(spinal cord)
반사작용, 감각

뇌간(brain stem)
투쟁 도주 반응

3단계

2단계

1단계

정적이어서 자신의 안전이 별 문제가 되지 않는 경우 이런 불안감은 일시적이며 아이가 자랄수록 점차 줄어듭니다. 그러다 일곱 살 무렵이 되면 개념적인 사고가 발달하며, 내적인 불안감과 외부 현실을 구분할 수 있게 됩니다.

그림 1은 지금까지 설명한 뇌의 구조입니다. 그림을 보면 알 수 있듯, 우리의 뇌는 뇌간을 시작으로 각 부위가 층을 이루며 위쪽으로 발달합니다. 이 성장 패턴을 보면 아이들은 자라면서 점차 정교한 기술과 능력을 습득하게 됨을 알 수 있습니다.

뇌의 모든 부분은 청소년기에도 계속 발달하고 성숙합니다. 뇌와 신체 각 부위는 물론 뇌의 각 부위들도 서로 활발하게 연결되며, 특히 신피질 쪽을 중심으로 새로운 '엽(lobe)'들이 계속해서 만들어집니다. 이렇게 뇌가 성장하면 사람은 자신의 생각과 감정을 조절할 수 있게 됩니다. 이 책 전반에 언급돼 있듯, 사실 불안감을 조절할 수 있는 가장 효과적인 방법은 자신이 생각하고 느끼는 방식을 바꾸는 것입니다.

아이의 발달 단계를 맞춰주세요 ___

아동의 모든 발달 단계는 적절한 외적 자극이 주어져야 신체적·정서적·지적 성장이 정상적으로 이뤄집니다. 외적인 자극은 주로 가족 및 사회와의 상호 작용으로 구성되며, 아이가 받아들일 수 있는 상태 또 그 자극을 처리할 수 있는 능력과 맞아 떨어져야 하죠. 외적 자극이 지나쳐 아이의 능력을 벗어나게 되면 아이는 스트레스를 받고 불안해합니다.

아동의 발달은 단계별로 진행됩니다. 관찰로도 확인되지만 실제 모든 아동 발달 이론을 봐도 알 수 있죠. 각 단계를 거칠 때마다, 아이들은 이전 단계에 습득한 기술과 경험을 바탕으로 새로운 것들을 학습합니다. 오래전 프로이트는 아동의 '정서' 발달, 에릭슨은 아동의 '사회' 발달, 피아제는 아동의 '인지' 발달을 연구함으로써 이 사실을 밝혀냈습니다. 이제 우리는 아동과 뇌 연구를 통해 아동 발달은 자연이 정해

놓은 일정한 틀을 따른다는 것을 알게 되었습니다. 즉, 발달 단계는 순서가 미리 정해져 있으며 각 단계별로 특정한 자극이 주어져야 순조롭게 성장할 수 있다는 뜻입니다. 각 단계를 거치면서 아이의 뇌는 뇌세포와 연결 통로가 추가되는 새로운 구조를 발달시켜서 새로운 학습을 가능하게 합니다. 다시 말하지만, 각 단계는 적절한 자극, 즉 충분한 경험이 이뤄지고 바람직한 본보기가 있어야 최적의 상태로 발달할 수 있습니다.

실제로 인간의 모든 기술과 능력은 이런 기본적인 계획에 따라 발달합니다. 듣기, 언어와 말하기, 운동 신경, 자신감, 신뢰, 추상적인 추론, 상상력, 도덕성, 영적 능력 등 모든 것이 단계별로 발달하며 모두 적절한 시기에 적당한 자극이 주어져야 가능합니다.

간단히 언어 발달만 살펴봐도 알 수 있습니다. 한 살에서 다섯 살 사이, 생물학적으로 음성 자극을 받아들일 준비가 된 아이는 자신에게 들리는 말을 듣고 언어를 습득합니다. 그래서 프랑스어를 쓰는 가정의 아이는 프랑스어를 하고, 일본어를 쓰는 가정의 아이는 일본어를 하게 됩니다. 이와 비슷하게, 노래하는 새인 명금이 소리 내는 법을 배울 시기에 다 자란 새들과 격리시켜 두면 이 새는 노래를 배울 기회를 잃게 됩니다. 또 다 자란 새들과 다시 합해 놓아도 영원히 소리를 내지 못하게 됩니다. 인간의 몇몇 기술은 특정 단계가 되어야 수월하게 습득되는데 이는 그 시기가 되어야 뇌가 더 잘 받아들이기 때문입니다. 이 역시 생존을 위해 자연이 세워 놓은 기본적인 계획입니다.

아이에게 꼭 필요한 것 :

심리학자들은 아이들과 주변 환경 사이에 이뤄지는 상호작용을 동화(assimilation)와 조절(accommodation)로 표현합니다. 계속 성장하는 아이의 뇌는 외부 자극과 끊임없이 상호작용을 해야 건강하게 발달할 수 있습니다.

실제로 우리의 뇌는 알맞은 때에 적절한 외부 자극이 주어져야 성장합니다. 이 사실은 불안의 원인을 유전과 환경으로 나눠 생각할 때 가장 좋은 해답이 될 것입니다. 즉 자연이 만들어 놓은 기본적인 틀에 환경을 통한 적절한 경험이 주어지면 건강하게 발달하면서 불안을 최소화할 수 있는 것이죠.

각 발달 단계에는 '결정적인 시기(critical periods)'가 있습니다. 생물학적인 준비가 갖춰졌을 때 적절한 외부 자극이 주어질 가능성은 비교적 높지 않습니다. 아이들은 뇌 구조의 발달에 따라 꼭 필요한 외부 자극이 주어져야 새로운 기술과 능력을 익히게 됩니다. 각 발달 단계가 성공적으로 마무리되지 않으면 그 다음 단계의 능력을 습득하는 데 문제가 생길 수 있습니다. 발달 중 문제가 생긴 단계는 나중에 보완할 수 있지만 최적의 상태로 회복되기는 어렵습니다.

세상에 태어난 아기는 생존을 위해 세 가지 요소를 필요로 합니다. 그리고 이 세 요소들은 엄마와 아기가 유대를 형성하는 과정에서 대부분 충족됩니다. 그 세 가지 요소는 다음과 같습니다.

✿ 아기가 생존하기 위한 3가지

- 시각과 청각을 통한 의사소통
- 보살핌
- 놀이

아기는 태어나기 전부터 들을 수 있습니다. 임신 5개월쯤 되면 태아가 소리에 반응해 움직이며, 갓 태어난 아기는 음소(말의 뜻을 구별해주는 소리의 가장 작은 단위)에 대해 근육을 움직여 반응합니다. 신생아들은 주변에서 말소리가 들리면 거의 대부분 근육 반응을 보이죠. 그래서 엄마의 목소리는 아기의 언어와 감각 운동계를 활성화하는 자극제가 됩니다.

세상에 태어나면 아기의 시야에 사람의 얼굴이 드러남으로써 시각적인 자극이 추가됩니다. 사실 신생아의 뇌는 이 한 가지 대상만 볼 수 있게 발달된 상태이며, 얼굴처럼 생기지 않은 것 그리고 밝은 빛에는 부정적인 반응을 보입니다. 따라서 아기는 엄마의 얼굴을 통해 처음으로 시각을 인지한 뒤 점차 발달시키게 됩니다. 또 엄마가 아기의 얼굴에 자기 얼굴을 가까이 대고 보여주면(50~60센티미터 안쪽이어야 아이가 집중할 수 있음) 태어나기 전 두 사람이 맺고 있던 유대가 계속 지속됩니다.

'시각과 청각을 통한 의사소통'은 부모와 아이가 가깝게 접촉해야 가능하므로 '보살핌'이 잘 이뤄져야 합니다. 부모의 보살핌은 아이가 건강하게 발달하고 불안감을 예방하는 데 꼭 필요한 요소로서, 엄마와 아빠가 되면 자연스럽게 아기를 보살피고자 하는 본능이 생깁니다. 아기를 보살핀다는 것은 관심을 기울이고, 잘 돌보고, 대화를 나누고, 신체적인 욕구를 해소해주고, 신체적인 접촉을 자주 하는 것입니다. 엄마와 아이의 스킨십은 원래 하나로 결합돼 있던 상태가 출생 후에도 자연스럽게 지속되는 것이죠. 이런 접촉은 아동기 내내 계속 되어야 아이가 집을 안전하게 느끼고 불안감을 갖지 않습니다. 엄마와 아빠들에게 아이와의 잦은 스킨십을 권하는 이유도 아이의 투쟁 도주 반응과 반대되는 이완 반응을 촉진할 수 있기 때문입니다.

발달의 세 번째 요소인 '놀이'는 불안감을 조절하는 데 특히 중요합니다. 놀이는 마음을 편안하게 해주는 것은 물론 스트레스나 정신적인 충격으로 힘들어하는 아이들을 진정시켜줍니다. 놀이를 하면 그 당시에 집중하게 되므로 미래에 대한 걱정이나 불안에 빠져드는 것을 효과적으로 차단할 수 있습니다.

아이들은 놀이를 통해 자신의 감정 상태(분노 등)를 표출하고, 다른 사람들에게 해를 끼치지 않으면서 자신의 긴장감이나 스트레스를 풀게 됩니다. 놀이는 또 아이들의 에너지도 충전시켜줍니다. 놀이의 가장 큰 장점은 재미있다는 것이죠. 이것이야말로 불안해하는 아이들에게 꼭 필요합니다.

이렇게 아이의 불안을 줄여주세요 ___

다음은 초기 아동 발달에 대해 지금까지 우리가 살펴본 내용을 바탕으로 이 시기의 불안을 최소화할 수 있는 방법들입니다.

✿ **아이의 불안을 최소화시키는 방법**

- 임신 중에도 계속 소리를 내서 뱃속 아기와 대화를 나누자. 아기는 태아 때도 말소리를 인식할 수 있다.

- 임신 중이거나 아기를 가질 계획이라면, 자연적인 출산 방법을 고려해 보라. 자연친화적인 출산이 가능하고 가족이나 가까운 지인들이 동참할 수 있게 해주는 병원도 괜찮다.

- 아기가 태어나면 다정하고 부드러운 스킨십을 자주 하자. 젖을 먹이는 동안 또 아기에게 말을 걸면서 하면 더욱 좋다.

- 취학 전이라면 여러 가지 재료와 장난감들을 준비해주고 다양한 놀이를 하게 하자. 이때 부모가 함께 놀아주는 것도 매우 중요하다.

- 아이가 말하기 시작하면 책을 읽어주거나, 이야기를 들려주거나, 주변에 있는 사물을 가리키며 설명해주거나, 손을 쓰는 활동을 하게 함으로써 아이의 인지 발달을 자극할 수 있는 환경을 만들어주자.

- 단 자극을 너무 많이 줘서 과부하에 걸리게 해서는 안 된다. 아이가 산만하거나, 집중을 못하거나, 쉽게 포기하는 등 스트레스를 받는 조짐은 없는지 늘 살펴보자.

- 될 수 있는 한 스트레스가 낮은 환경을 유지하자. 이것은 모든 단계의

불안을 최소화하는 데 매우 중요하다.

★　★　★

이 장에서는 아동의 불안에 맞춰 초기 발달에 관해 알아봤습니다. 부모와 아이 사이에 맺어진 강하고 긍정적인 유대는 자존감과 안정감의 바탕이 되고 불안을 최소화할 수 있다는 점에서 그 중요성이 강조됐습니다. 또 뇌의 구조와 발달을 살펴보면서, 아이가 받는 스트레스와 불안을 줄이려면 알맞은 때에 적절한 자극이 주어져야 한다는 것도 알아야 합니다.

다음 장에서는 아이를 불안하게 만드는 가정환경과 가족끼리 긍정적인 유대를 맺어서 불안을 막을 수 있는 여러 방법들에 대해 살펴보겠습니다.

· 제5장 ·

가정에서 시작되는 불안

가정은 아이의 성격이 형성되는 공간입니다. 성격은 유전(아이가 타고난 기질)과 후천적인 양육(가족 내에서의 경험과 주변 환경)의 상호작용을 통해 발달합니다. 이 장에서는 아이의 올바른 성격 형성을 막고 불안감을 초래하는 가족의 형태를 살펴보겠습니다. 또 각 가정이 서로의 감정, 마찰, 의사소통, 훈육, 성적인 문제, 인간관계, 그 밖의 일상생활들에 대처하는 다양한 방식을 알아보도록 하겠습니다.

부모의 불안이 아이에게 대물림됩니다 ___

부모가 불안감이 있다면 큰 문제입니다. 아이들은 주로 모방을 통해 배웁니다. 그래서 불안해하는 부모의 행동과 습관들은 본보기처럼 작용해 아이의 불안감을 초래할 가능성이 큽니다. 부모의 불안은 아이를 키우는 것과 별 상관없는 경우도 있지만, 어떤 부모들은 완벽한 부모가 되고자 하는 바람 때문에 불안을 느끼기도 합니다.

상담자 중에는 과도한 걱정이나 강박적인 사고, 완벽주의적인 성향, 비관적인 생각 등 불안증이 심한 부모 밑에서 자란 사람들이 셀 수 없이 많습니다. 이들은 자신이 보고 자란대로 "세상은 안전하지 않아", "안 좋은 일이 일어날 거야", "긴장을 풀어서는 안 돼", "사람들은 믿을 수 없어", "절대 충분하지 않아" 같은 부정적인 말들을 달고 삽니다.

한 상담자의 어머니는 집을 깨끗이 하는 것에 대한 강박증이 심해서 아이들이 친구들도 데리고 올 수 없을 정도였습니다. 어머니는 먼지 하나도 용납하지 않았고 아이들이 손님용 욕실을 쓰는 것도 싫어했습니다. 손을 씻고 수건에 닦으면 수건이 더러워지는 것이 싫었던 것이죠. 이렇게 강박증이 심하고, 융통성도 없고, 통제가 심한 엄마 밑에서 자란 상담자도 불안증을 갖게 되었습니다. 그녀는 사회공포증과 강박장애, 범불안장애에 시달리고 있었고 혼자서는 아무것도 결정하지 못했죠. 완벽주의적인 성향도 지나쳤고 혹시라도 실수할까 봐 몹시 불안해했습니다.

불안증이 심한 부모 중에는 아이를 과잉보호하는 사람들이 있습니다. 그들은 아이의 안전을 위한다는 이유로 불합리한 한계를 정하기도 하고, 밤샘 캠프나 사람들과의 연락, 탐험 활동, 기타 정상적인 흥미를 갖고 하는 여러 가지 활동들을 못하게 합니다. 심지어 부모 자신이 분리불안을 겪는 경우도 있습니다.

또 부모들은 아이가 커가는 모습을 보며 어릴 때 자신이 겪었던 일들을 떠올리게 됩니다. 아이의 첫 입학, 첫 여름 캠프, 첫 자전거 타기 등은 그와 관련된 부모들의 옛 감정을 일깨우곤 하죠. 상담자 중 열네 살 때 집단 따돌림를 당했던 한 여성은 자신의 딸이 그 나이가 되어가자 힘들었던 그때의 기억이 떠올랐다고 합니다. 슬픔, 분노, 죄책감 같은 다른 감정들도 부모의 기억과 연관될 수 있습니다. 부모가 어떤 일을 겪으며 불안해했던 기억이 있으면 비슷한 일을 겪는 아이를 보면서 그 불안감이 되살아나기도 합니다.

예전 세대에 비하면 지금은 인구가 많이 늘었습니다. 그런데 교육 기회와 좋은 직장, 그밖에 여러 자원들은 한정돼 있기 때문에 아이들은 치열하게 경쟁해야 합니다. 그래서 아이들은 이에 대한 걱정이 많은 부모 때문에도 압박감을 느낍니다. 부모들은 자기 아이가 최고가 되길 바라지만 어마어마한 교육비 때문에 걱정이 큽니다.

불안증이 있는 부모가 자신의 문제를 잘 극복한다면 아이에게도 많은 도움을 줄 수 있습니다. 불안증을 치료할 때는 대개 새로운 방식으로 생각하고 행동하는 법을 배우게 되는데 이 내용이 아이들에게도 전달될 수 있기 때문입니다. 긴장을 풀고, 긍정적으로 생각하고, 감정을 조절하는 법을 배우는 것은 부모뿐 아니라 아이들을 위해서도 매우 필요합니다.

경우에 따라 부모도 전문가의 도움을 받아야 합니다. 나를 찾아왔던 많은 부모들도 자신의 불안증이 아이의 발달을 방해하고 있다는 것을 직관적으로 알고 있었습니다.

사회성 장애와 낮은 자존감에 시달리던 한 엄마는 아이들이 입학하기 전에 자신의 문제를 해결하지 않으면 학부모 간담회나 학부모 자원봉사단에 참여할 수 없고 다른 학부모들과 편안하게 교류할 수 없다는 것을 잘 알고 있었습니다. 두 아이를 둔 이 엄마는 다행히 치료를 통해 긴장된 마음을 풀고 사람들 속에서 자기 생각을 표현하는 법을 배웠습니다. 그래서 1년 만에 아이의 학교생활과 특별활동에 마음껏 참여할 수 있게 되었죠. 그녀는 수업 도우미를 맡아 선생님을 열심히 도왔고, 아이들을 집으로 초대해 놀게 해줬으며, 다른 학부모들과 운동도 하고 여가 생활도 즐겼습니다.

다른 엄마는 자신의 완벽주의적인 성격과 걱정하는 습관 때문에 아이의 학교생활을 잘못 판단하고 있다는 것을 깨달았습니다. 그녀는 늘 자기 아이들을 또래 아이들과 비교했고, 친구들과 문제가 있거나 성적이 부진하면 과하게 반응했습니다. 많은 부모들이 그렇듯 그녀도 아이가 뭐든 잘해야 부모로서의 능력을 인정받는다고 생각했습니다. 그래서 아이들에게 문제가 생기면 몹시 우울해하고 불안해했죠. 치료를 받으며 그녀는 완벽함을 원하는 자신의 성격이 아이들에게 어떤 식으로 투사되는지 알게 되었고, '모 아니면 도' 식의 사고 역시 부모 역할에 잘못된 영향을 미쳤음을 깨달았습니다. 그녀는 아이들이 가진 회복 능력을 믿어야 했고 아이들 각자가 가진 장점과 약점을 충분히 고려해야 했습니다.

부모라면 당연히 아이에게 특별한 도움이 필요한 때를 알아야 하고,

아이가 원하는 바를 적절한 시기에 효과적으로 충족시켜줘야 합니다. 그러나 마찰을 두려워하고, 비난받는 것에 지나치게 신경 쓰고, 자신의 생각을 제대로 말하지 못하는 등 본인이 '불안 특성'을 가진 부모들은 이것 역시 잘하지 못합니다.

부모로서 불안증을 겪고 있다면 이 책에 소개된 여러 정보와 충고들을 자신의 상황에 맞게 활용하도록 노력합시다. 다음은 도움이 될 만한 몇 가지 구체적인 방법들입니다.

❀ 부모 자신의 불안을 줄이는 방법

- 스트레스를 해소할 시간을 갖자(휴식, 적당한 수면, 운동, 충분한 영양 섭취, 취미 활동, 여러 가지 재미있는 일들, 친구들과의 연락). 당신의 몸과 마음을 건강하게 만드는 것은 절대 이기적인 일이 아니며, 사실은 그렇게 해야 부모 역할도 잘할 수 있고 아이들에게 더 좋은 역할 모델이 될 수 있다.

- 필요하다면 전문가를 통해 불안감을 조절할 수 있는 방법을 알아보자(개별 심리 상담, 그룹 치료, 약물, 대체 요법 등).

- 불안에 대한 책을 꾸준히 읽고 공부하자. 또 자신에게 가장 적합한 방법을 찾도록 적극적으로 노력하자.

- 불안감을 다스릴 때는 친구를 대하듯 자신을 대하자. 즉, 자기 스스로를 배려하고, 인내심을 갖고, 다정하게 대하라는 뜻이다. 한 가지 규칙만 염두에 두면 된다. 불안해하는 친구를 대할 때처럼 자신에게도 친절하고 사려 깊은 태도로 말을 건네보자.

- 부모로서 잘하고 싶은 마음은 크겠지만 완벽을 추구하거나, 아이를 통제하거나, 세세한 것까지 다 걱정하는 태도는 피해야 한다. 부모라는 역할은 정확하게 떨어지는 학문이 아니다. 그리고 아이의 욕구는 여러 가지 방법으로 충족시킬 수 있다.
- 아이에게 무엇이 최선인지 확신이 서지 않을 때, 특히 자신의 불안 때문에 아이를 잘못 판단하고 있다는 생각이 들 때는 믿을 수 있는 자료를 직접 찾아보자.

부모의 스트레스가 아이의 불안을 키웁니다 ___

부모의 불안과 관련된 모든 것들은 부모들이 받는 스트레스에도 해당됩니다. 불안장애까지는 아니더라도, 스트레스가 심한 부모는 스트레스가 높은 가정환경을 만들 수밖에 없습니다. 이미 언급했듯이, 스트레스의 원인 중 하나는 일상의 부담이 반복되는 것인데 대부분의 가정에서는 이를 정상으로 받아들입니다. 부모는 생계를 위해 일하고, 집을 관리하고, 아이를 등하교시키고, 학교 회의에 참석하고, 아이 숙제를 봐주고, 장을 보고, 요리하고, 집을 청소하고, 끝도 없이 이어지는 업무 때문에 날마다 반복적인 부담을 느낍니다.

역설적이게도, 가족들이 느끼는 스트레스의 상당 부분은 자녀에게 좋은 기회를 만들어주기 위해 부모가 노력하는 과정에서 발생합니다. 부모는 아이를 위해 운동과 미술, 음악을 가르치고 여러 가지 사회, 종교, 교육, 취미 단체에 가입시켜 활동하게 합니다. 하지만 개인적인 시간이 턱없이 부족해서 쉬지도 못하고 스트레스를 이겨낼 능력도 없는 아이들에게 이 모든 것들은 결국 스트레스일 뿐입니다. 불안 특성을 가진 아이들이 이런 스트레스를 받게 되면 불안장애를 일으킬 가능성이 커집니다.

부모들은 아이에게 여러 기회를 만들어주고 많은 것을 가르칠수록 더 뛰어난 능력을 발휘할 거라고 믿고 있습니다. 하지만 대다수의 부모는 아이들이 하고 있는 특별 활동에 적당한 한계를 정하지 못하는 경우가 많습니다. 작은 기회 하나라도 놓치게 하고 싶지 않기 때문이죠. 요즘은 이런 '과잉 양육'이 하나의 교육 현상으로 자리 잡았습니다. 과잉 양육의 함정에 빠지면 아이의 일과표가 수업, 과외, 연습 시간들로 채워지기 때문에 결국은 부모와 아이 모두 스트레스를 받게 되고 재미를 느낄 수 있는 요소는 줄게 됩니다.

물론 아이가 방과 후 활동이 꼭 필요한 가정이 있습니다. 집 밖에서 일하는 부모들은 아이가 정해진 곳에서 누군가의 지도를 받으며 활동하고 있다는 것에 안심합니다. 또 아이가 집에서 TV를 보는 것보다는 학습 공간에 있는 편이 훨씬 낫다고 생각하는 부모들이 많습니다. 하지만 여기에는 모순이 있죠. 혼자 있을 때 시간을 생산적으로 쓰는 법을 배우지 못한 아이는 늘 어떤 조직에 속해서 활동을 하지 않으면 무료함을 느낄 수 있기 때문입니다.

이렇게 하루하루 스트레스를 많이 받다 보면 아이들은 자신의 감정을 숨기고 억누르거나, 혼자만의 세계에 갇히거나, 현실을 부정하는 등 방어 기제를 작동시켜서 어느 순간 기능을 멈춰버릴 수 있습니다. 결국 스트레스를 지나치게 많이 받는 아이는 자신에게 주어지는 요구를 감당하지 못해서 더 큰 불안감에 빠지게 됩니다.

아이의 성격에 가족이 미치는 영향은 성인이 되어서까지 이어지는 경우가 많습니다. 불안장애 때문에 치료를 받는 성인들 중에는 자신이 얼마나 많은 스트레스를 받고 있는지 인식하지 못하는 경우가 많습니다. 어릴 때부터 그런 상황이 정상인 줄 알고 살아왔기 때문이죠. 그들은 늘 스트레스 속에 살았거나, 어떻게든 통제력을 잃지 않으려고 애쓰며 살았기 때문에 스트레스에 대한 객관적인 시각이 부족합니다. 다음은 높은 스트레스를 알려주는 몇 가지 지표들입니다.

가정 내의 높은 스트레스 지표

- 늘 시간적인 압박에 시달린다.
- 맡은 일이 너무 많다.
- 참을성이 없어지거나, 쉽게 좌절하거나, 부딪히는 경우가 많다.
- 늘 피곤하다.
- 놀거나 쉴 시간이 부족하다.
- 늘 남보다 뒤처진 기분에 사로잡혀 있다.
- 기대치가 높다.
- 제시간에 집을 나서지 못한다.
- 계획을 잘 세우지 못한다.
- 의사소통 능력이 부족하다.

스트레스는 불안증의 핵심 원인입니다. 아이의 스트레스를 줄이기 위해 부모가 할 수 있는 일은 무엇일까요?

일반적으로는 활동과 휴식 사이에 합리적인 균형을 맞추는 것이 중요합니다. 아이들은 자신이 겪은 일들을 완전히 소화하고 일상에서 받는 스트레스를 극복할 시간이 필요합니다. 운동이나 다른 특별 활동 등 아이가 좋아하는 일을 할 때도 에너지가 소비되므로 회복할 시간이 있어야 합니다.

아이가 하게 될 활동은 나이와 기질, 관심, 능력을 염두에 두고 신중히 선택해야 하며 적정한 수준에서 일과에 포함돼야 합니다. 활동이 너무 부담스럽거나 힘들면 아이들은 좌절할 수 있고 재미를 느끼지 못하면 지루해할 수 있으니까요. 또 아이는 하고 싶지 않지만 부모를 기쁘게 하기 위해 하는 경우도 종종 있습니다.

다음은 아이들이 과중하게 느끼는 활동과 스트레스를 줄일 수 있는 몇 가지 구체적인 방법들입니다.

✿ 아이의 스트레스를 줄여주는 방법

- 취학 전 아동 – 대부분의 아동 발달 전문가에 따르면 6세 미만 아동일 경우 취학 전 프로그램만으로도 충분한 학습과 자극이 되기 때문에 그 이상의 활동은 불필요하다.
- 초등학생 – 이 나이 때는 학습이나 활동이 세 가지를 넘어서는 안 된다. 사회 활동, 운동, 미술, 음악 등에서 줄일 수 있는 것은 줄이자. 자녀가 여러 명이라면 아이 당 한두 개 정도만 선택하는 것이 좋다.

- 청소년기 – 이 시기에는 교내 스포츠 리그, 컴퓨터 수업, 무술 수업, 합창과 밴드, 외국어반, 수학 및 과학 클럽, 연극반 등 방과 후 활동이 아주 풍성하다. 하지만 이때도 한꺼번에 너무 많은 활동을 해서는 안 된다. 두세 가지 정도면 아이의 도전 의식을 북돋고 적당한 자극도 되어 충분하다.

- 아이가 원하는 활동을 허락할 때는 그 활동에 필요한 시간과 문제가 없는지 아이에게 확인시키자. 체력적으로 문제가 없는가? 숙제에는 지장이 없는가?

- 아이가 여럿이면 균형을 맞추도록 노력하자. 한 아이를 위해서만 시간과 에너지를 소진하는 것은 공평하지도 합리적이지도 않다.

- 달력에 표시할 때는 색깔별로 구분해서 식구들의 일정을 관리하자. 일정이 없는 날이 있으면 그냥 놔두자.

- 융통성을 갖자. 아이가 한 계절 내내 진행되는 활동에 신청했다 하더라도 한두 번 정도는 빠져도 된다. 가끔은 밖에 나가서 아름다운 날씨를 즐기는 것이 활동 하나를 더하는 것보다 훨씬 중요하다.

- 다른 학부모와 교대로 아이들을 태워주면 조금은 여유가 생길 것이다.

- 가족이 함께하는 시간을 만들자. 1주일에 하루 저녁은 모든 식구가 같은 시간에 식탁에 모이는 날을 정하자. 가족끼리 저녁을 같이 먹는 것은 스트레스로 가득한 혼란스러운 삶에 의지할 수 있는 닻이 되어줄 것이다.

- 느긋해지자. 시간을 내서 아이의 삶에 대해 생각해보자. 학교, 방과 후 활동, 숙제가 일상으로 자리 잡아 반복적이라면 스트레스를 극복할 수

있는 시간을 마련해주자. 자전거를 타거나, 산책하거나, 그냥 잠시 쉬는 것만으로도 아이에게 필요한 휴식이 될 수 있다. 아이들이 모여서 함께 노는 것도 매우 중요하다. 다른 목적 없이 그냥 재미있게 놀거나 쉴 수만 있으면 된다. 자존감은 자신이 이룬 성과뿐 아니라 한 사람으로서의 가치를 인정받을 때도 생긴다.

감정은 표현하게 하고 행동은 통제하세요 ___

감정은 인간관계의 본질이며 감정을 어떻게 표현하느냐에 따라 깊고 친밀한 관계가 맺어질 수 있습니다. 사람 사이에 정서적인 의사소통이 이뤄지지 않으면 탄탄한 관계가 형성되지 못하고 불안감마저 생길 수 있습니다.

환자들 중에는 강렬한 감정에 빠질 때마다 불안해하는 사람들이 많은데 그들 대부분은 감정을 억누르도록 강요받는 가정환경에서 자랐습니다. 그들은 늘 바쁘게 지내고 자신이 아닌 다른 것에 관심을 집중하면서 감정에 빠지지 않으려고 노력합니다. 심한 경우는 감정 자체를 의식 밖으로 몰아내기 위해 음식이나 약물, 알코올 등에 의존하기도 합니다.

감정을 자유롭게 표현하는 것이 허용되지 않은 가정의 아이들은 자신의 감정을 아예 차단해버림으로써 그런 분위기에 적응합니다. 대개 그런 집들은 부모가 감정 표현을 불편하게 여기거나 감정이 담긴 의사

소통 기술이 부족한 경우가 많습니다. 그런 집에서는 "사랑해", "너 때문에 화났어", "네 도움이 필요해", "그런 말을 해서 미안해" 같은 말들을 좀처럼 하지 않습니다. 따스함이 담긴 신체적인 애정 표현도 다른 집에 비해 부족합니다. 때문에 이런 환경에서 자란 아이들은 어떤 감정에 강하게 사로잡힐 때마다 몹시 불안해합니다.

감정은 사람들과 관계를 맺을 때 꼭 필요한 요소입니다. 그래서 아이들이 자신의 감정과 정서적인 욕구를 표현하는 기술을 익히게 해줘야 합니다. 가장 바람직한 것은 부모가 이런 중요한 기술을 직접 사용하면서 모범이 되는 것이죠.

나는 상담자들이 감정을 편하게 받아들이고 능숙하게 표현하도록 돕기 위해, 먼저 그들이 어떤 어휘들로 자신의 감정을 드러내는지 살펴봅니다. 자신의 감정을 확인하고 표현할 때 고정적으로 쓰는 단어들이 무엇인지 알아봅니다.

어린 아이들은 대개 "좋다", "나쁘다" 같은 몇 개의 단어로만 자신의 감정을 표현합니다. 그리고 자라면서 자연스럽게 다양한 감정을 경험하고 그런 감정을 표현하는 단어들을 배웁니다.

제 책《두려움과의 춤을(Dancing with Fear)》에 나온 '감정 어휘(Feelings Vocabulary) 연습'도 이와 같은 목적입니다. 40개의 감정 상태가 적힌 차트를 집에 붙여놓고 자신이 겪은 기분을 하루에 한 번씩 체크하게 하는 것이죠. 이렇게 하는 이유는 자신의 감정을 확인하고 표현하는 말들을 더욱 다양하게 익히게 하기 위해서입니다. 눈 하나도 상태에 따라 여러 가지로 표현하는 에스키모들처럼, 우리도 자신의 감정을 폭넓게 느끼고 표현할 수 있습니다.

모든 감정 상태는 오르막, 최고조, 해소 이 세 국면으로 구성돼 있습니다. 이 사실을 알고 있으면 정서적인 의사소통에 큰 도움이 되죠. 감정이 오르기 시작할 때는 초기 신호를 잘 감지해야 합니다. 특히 분노나 불안 같은 감정들은 더욱 그렇습니다. 그래야 그런 감정들에 휘둘리기 전에 적절히 대처할 수 있습니다. 감정과 행동의 차이도 알아야 합니다. 즉 '화'라는 감정 자체는 위험하지 않지만, 화가 나서 하는 통제 불능의 행동은 적절치 못하고 파괴적일 수 있다는 뜻입니다.

아이의 감정 표현 능력을 키우기 위해 집에서 여러 가지 감정의 종류에 대해 부모가 함께 이야기해보길 권합니다. 또 그날 겪었던 일이나 아이가 했던 활동에 대해 어떤 기분을 느꼈는지 물어보면서 아이와 감정에 대해 이야기하는 시간을 갖으세요. 필요하다면 감정을 표현하는 어휘들을 가르쳐주면서 아이가 자신의 감정을 올바른 단어로 표현하는 법을 배우게 하면 좋습니다.

비판은 줄이고 자존감은 키워주세요 ___

잦은 비판은 아이의 자존감과 자신감에 손상을 줍니다. 반복적으로 비판 받는 아이들은 도전하는 것을 망설이고, 실패를 두려워하며, 학업과 사회적인 면에 어려움을 느낍니다. 이 밖에도 여러 가지 문제들이 있는데 학교생활에 대한 불안증도 그 중 하나입니다.

부모 자신의 역할 모델이 지나치게 엄격하거나, 까다롭거나, 통제가 심하거나, 매사에 독단적인 규칙을 적용하면 아이들은 완벽주의적인 성향과 강박적인 특징을 갖게 됩니다. 또 스스로 생각하는 법을 배우기보다 시키는 대로 하는 것에만 익숙하다 보니 수동적이고 우유부단한 태도를 보이는 경우가 많습니다. 이런 특성들은 독립에 대한 불안감을 초래할 위험이 큽니다.

다음 몇 가지 방법을 이용해 아이에 대한 비판을 줄이고 자존감을 키워주도록 노력해보세요.

🌼 아이의 자존감을 키워주는 방법

- 아이의 자존감은 부모가 심어주는 긍정적인 메시지를 내면화하는 데서 시작된다는 것을 명심하자.
- 아이가 뭔가를 잘하고 있거나 정직하게 노력하는 모습을 보이면 칭찬하는 습관을 갖자.
- 나쁜 행동에 벌을 주기보다는 바른 행동에 대한 보상을 중시하자. 아이의 자존감을 키우는 데도 이런 식의 접근이 훨씬 바람직하다.
- 아이를 비판하거나 부정적인 피드백을 해야 할 때는 좋은 점들을 먼저 말해주자.
- 당신이 아이를 얼마나 사랑하고 소중히 여기는지 말해주자. 잘하고 못한 것에 상관없이, 그 마음은 변함없다는 것을 분명히 알게 해주자.
- 아이가 뭔가를 하는 방식에 융통성 있는 태도를 취하자. 문제에 대한 해결 방법을 스스로 찾도록 격려하자.

- 당신이 강박적일 만큼 집안 정리나 청소를 중시한다면, 아이에게 못한 다고만 하지 말고 과제나 어떤 활동을 하고 난 뒤 뒷정리를 어떻게 하는지 직접 보여주자.

훈육은 하되 두려움은 주지 마세요 ___

어떤 집이든 훈육은 필요합니다. 훈육을 하는 목적은 아이가 사회적으로 용인되는 행동을 하도록 돕고 자제력을 가르치기 위해서입니다. 아이들은 자신들에게 정해진 한계를 시험해보기도 하지만 책임감 있는 어른으로 자라기 위해 그런 한계는 꼭 필요합니다. 아이들은 부모가 자신을 사랑하기 때문에 일정한 규칙을 정해놓았다는 사실에 안도감을 느낍니다. 그래서 어떤 한계가 정해져 있지 않으면 오히려 불안해하기도 합니다.

부모들도 아이의 행동을 통제하려다 좌절하는 경우가 있습니다. 다른 방법이 통하지 않으면 신체적인 벌이나 겁을 줘서 자신의 권위를 회복하려는 부모들도 있죠. 하지만 이런 식은 아이의 불안감과 두려움만 키울 뿐 결코 현명하지 못한 방법입니다.

불안장애를 가진 성인 환자 중에는 부모에게 신체적인 체벌을 받으며 자란 사람들이 많았습니다. 부모가 그렇게 행동하는 것은 양육 기술이 부족하고, 좌절감을 느끼고, 아이의 욕구에 대한 이해가 부족하고, 어떻게 충족시켜야할지 모르기 때문인 경우가 많습니다. 부모로서 종종 좌절감이 드는 것은 피할 수 없지만, 신체적인 체벌 대신 이용할 수 있는 효과적인 방법들은 많습니다. 그리고 부모는 아이의 불안감과 두려움을 키우지 않고 훈육하는 것이 매우 중요합니다.

아이를 훈육하는
현명한 방법

　다음과 같은 방법들을 활용하면 아이를 키우는 일이 더욱 즐거워지고, 좌절하는 일도 줄며, 아이의 불안감도 낮출 수 있다.

집안에서 지켜야 할 규칙을 정하자 : 규칙을 정하면 아이는 부모가 무엇을 기대하는지 알 수 있고 스스로 자제력을 키울 수 있다. 숙제 다할 때까지 TV보지 않기, 형제들끼리 때리지 않기, 욕하지 않기, 상처받을 만큼 놀리지 않기 같은 것들이다. 어떤 체계를 정해놓는 것도 좋다. 한 번 경고를 했는데도 듣지 않으면 '타임아웃'을 시키거나 아이가 좋아하는 것을 일정 기간 못하게 하는 식이다.

일관성 있게 행동하자 : 부모가 흔히 저지르는 잘못 중 하나는 아이가 규칙이나 합의된 사항을 지키지 않았을 때 일관성 없이 행동하는 것이다.

아이를 칭찬할 기회를 찾자 : 아이가 형제들과 사이좋게 지내거나 시키지도 않았는데 청소를 했다면 마음껏 칭찬해주자. 부정적인 피드백이나 벌을 주는 것보다는 이런 긍정적인 피드백을 하는 것이 더 오랫동안 바르게 행동하도록 격려할 수 있다. 날마다 습관처럼 칭찬할 것들을 찾아보라. 칭찬할 거리가 있으면 안아주거나 좋아하는 것을 하게 해주는 보상을 아끼지 말자.

모욕적이거나 나쁜 말을 하지 말자 : "이런 바보 같은 짓을 하다니!", "너는 네 동생보다 더 아기처럼 행동하는구나!", "왜 언니처럼 저렇게 잘하지 못하니?" 이런 말은 아이에게 상처를 준다. 아이에게 말할 때는 표현을 신중히 선택하고 배려하는 마음을 갖자. 사람은 누구나 실수를 한다는 것을 알게 해주고, 아이가 잘못을 해도 부모는 여전히 사랑한다는 것을 보여주자.

아이를 위한 시간을 갖자 : 다들 할 일이 많다 보니 부모와 아이가 같이 시간을 보내는 것은 사실 어려울 때가 많다. 나도 가끔은 가족을 부양하느라 너무 바빠서 가족을 위한 시간을 내지 못할 때가 있다. 하지만 아이들은 진정으로 부모와 함께 있길 원하고 부모로부터 관심을 받고 싶어 한다. 아침에 10분만 일찍 일어나면 아이와 함께 아침을 먹을 수 있을 것이다. 저녁을 먹고 나면 가끔 설거지를 미루고 아이와 산책을 나가자. 아이와 함께하는 시간이나 활동을 아예 일과에 포함시키는 것도 고려해보자. 부모에게 원하는 만큼 관심을 받지 못하면 아이들은 주목을 받기 위해서라도 일부러 나쁘게 행동할 때가 있다. 부모로서 일을 하는 것에 죄책감을 느낄 필요는 없다. 팝콘 만들기, 게임하기, 산책 가기 등 사소하지만 함께 하면서 아이의 기억에 남길 수 있는 일들은 많다.

아이의 자존감을 북돋아주자 : 아이들은 부모가 자신을 대하는 방식에 따라 일찍부터 자아에 대한 개념을 형성한다. 부모의 목소리, 몸짓, 행동, 감정적인 어조 등 모든 것은 아이에게 강한 영향을 미친다. 사소한 것이라도 칭찬해주면 아이들은 자신을 자랑스럽게 여길 것이며, 무엇이든 스스로 하는 습관을 갖게 하면 여러 가지 능력과 독립심을 키우는 데 도움이 될 것이다. 하지만 아이를 하찮게 여기거나 다른 아이들과 비교하면 아이의 자존감은 낮아질 수밖에 없다.

청소년기 아이들과 탄탄한 유대를 맺자 : 이 시기의 유대도 아동기 못지않게 매우 중요하다. 십대가 되면 부모의 온전한 관심을 필요로 하지 않는 것 같지만 이 아이들 역시 부모와 연결되고 싶어 한다. 그러나 부모와 아이들이 함께할 수 있는 기회는 점점 줄기 마련이다. 따라서 부모는 아이가 대화하고 싶어하거나 가족 행사에 참여하고 싶어하는 뜻을 보이면 그 기회를 살리도록 최선을 다해야 한다. 아이들과 음악회에 가거나 게임을 하는 등 여러 가지 것들을 함께하면 서로를 배려할 수 있고 아이는 물론 아이의 친구들에 대해서도 잘 알 수 있게 된다. 십대 아이들은 부모보다는 또래 친구들을 주요 역할 모델로 보는 경향이 있기 때문이다. 아이가 자립하도록 돕자. 그러는 한편 올바른 지도와 격려, 적절한 훈육 역시 계속돼야 한다.

바람직한 역할 모델이 되자 : 아이들은 부모를 보면서 어떻게 행동해야 할지를 배운다. 아이가 어릴수록 부모가 미치는 영향은 크다. 자제력을 잃고 난폭해질 것 같으면 이렇게 생각하자. "화가 나면 이렇게 행동하라고 아이에게 가르치고 싶은가?" 연구에 따르면, 폭력적인 아이들은 집에 있는 역할 모델, 즉 부모가 공격성을 갖고 있는 경우가 많았다. 타인에 대한 존중, 배려, 친절, 정직, 관용 등 아이에게 길러주고 싶은 태도가 있다면 부모가 먼저 그런 모습을 보여주자. 이기적인 모습을 보이지 말자. 보상에 대한 기대 없이 순수한 마음으로 타인을 위해 행동하자. 늘 감사를 표하고 칭찬하자. 다른 사람들이 당신에게 해주길 바라는 대로 아이를 대하자.

아이와의 의사소통을 가장 우선시하자 : 부모가 논리적으로 대화하는 모습을 보이면 아이들도 사적인 판단을 배제한 채 상대방을 이해하고 배우는 자세를 갖게 된다. 충분한 시간을 갖고 당신이 바라는 바를 차분히 설명하자. 그러면 아이들은 부모가 무엇을 중시하는지 알 수 있다. 문제가 생겼을 때는 아이와 의논하면서 당신이 어떤 기분인지 표현하자. 해결방법도 아이와 함께 고민하고, 어떤 의견이든 터놓고 얘기할 수 있게 하자. 당신도 의견을 제시하되 그에 따른 결과도 함께 말해주자. 아이와 타협하는 것은 좋지만 끌려가서는 안 된다. 의사결정에 동참한 아이들은 결정된 바를 실천할 때도 의욕적인 모습을 보인다.

양육 방식에 융통성을 갖자 : 아이 때문에 자주 실망한다면 부모의 기대치가 현실적이지 않기 때문일 수 있다. 늘 뭔가를 '해야 한다'는 식으로 생각한다면("이제 우리 애는 배변 훈련을 시작해야 해" 등) 그에 관한 책들을 읽거나 다른 부모들과 대화를 하거나 아동 발달 전문가에게 상담을 받으면 도움이 될 것이다. 사실 아이가 자랄수록 부모도 서서히 양육 방식을 바꿔야 한다. 지금은 효과가 있는 방법도 1~2년 뒤에는 별 효과가 없을 수 있다.

물리적인 환경도 고려하자 : 집안 환경도 아이의 행동에 영향을 미치므로 환경을 바꿔주면 아이의 행동도 바뀔 수 있다. 두 살짜리 아이에게 계속 "안 돼"라고 말하고 있다면, 집안을 정리해서 만지면 안 될 것들을 최소로 줄이자. 그러면 부모와 아이 모두 좌절할 일이 크게 줄 것이다.

아이를 무조건적으로 사랑한다는 것을 알게 해주자 : 아이의 잘못을 바로잡고 옳은 방향으로 이끌어줄 책임은 부모인 당신에게 있다. 하지만 그럴 때 어떤 태도를 취하느냐에 따라 아이가 받아들이는 것은 크게 달라진다. 아이와 부딪쳐야 할 상황이라도 아이를 탓하거나 비난하지 말자. 그런 태도는 아이의 자존감을 낮추고 불안감이나 분노를 유발할 수 있다. 아이를 훈육할 때도 세심하게 배려하고 용기를 북돋울 수 있도록 노력하자. 다음번에는 더 잘하길 바라고 기대하는 것이 사실이지만 어떤 경우에도 아이를 사랑한다는 사실을 알게 해주자.

부모 자신의 욕구와 한계를 자각하자 : 부모 역할은 정확함을 요구하는 학문이 아닐뿐더러 아이를 완벽하게 키우는 것은 불가능하다. 가족의 리더인 부모에게도 강점과 약점은 있다. 당신이 가진 능력을 인정하고 ("나는 가족을 사랑하고 헌신적이다" 등) 약점을 개선하도록 애쓰겠다고 스스로 다짐하자. 자기 자신과 배우자, 아이들에게 현실적인 기대를 갖도록 노력하자. 모든 답을 다 아는 사람은 없다. 그러므로 스스로에게도 좀 더 관대하고 너그러워지자.

부모 역할도 감당할 수 있는 만큼 하자 : 한 번에 모든 문제를 다 해결하려 하지 말고 가장 관심이 필요한 부분에 집중하자. 녹초가 되지 않으려면 부모의 자리에서 잠시 벗어나 한 개인으로서(또는 부부로서) 행복해질 수 있는 시간이 필요하다. 당신의 욕구에 충실하다고 해서 이기적인 것은 아니다. 그저 스스로를 챙기는 것뿐이며, 이 역시 아이에게 본을 보여주면 좋을 중요한 가치다.

성과에 대한 지나친 기대가 아이를 힘들게 합니다 ___

부모로부터 학교성적이나 운동 결과를 놓고 심한 압박을 받거나, 자신에 대해서가 아닌 성적에 대한 보상만 주어질 때도 아이들은 스트레스를 받고 불안해합니다. 이런 아이들은 능력 이상의 성과를 내기 위해 애쓰고, 자신의 가치를 성적 위주로 평가함으로써 그런 부담감에 짓눌리는 경우가 많습니다. 이런 상황 역시 장차 불안장애를 유발할 위험이 높습니다. 우수한 아이들은 완벽주의적인 성향과 강박장애를 동시에 갖게 될 수 있고, 비현실적으로 높은 기대치를 정하거나 불안과 관련된 다른 특성을 갖게 되는 경우도 있습니다.

부모들은 대부분 자기 아이에게 최고가 되길 바라며 될 수 있는 한 많은 기회를 주고 싶어 합니다. 그런 가정은 학업과 운동을 포함한 여러 분야에서 아이가 좋은 성과를 낼 수 있도록 적극적인 지원을 아끼지 않습니다. 하지만 좋은 의도도 지나치면 역효과를 낳고 불안증을 초래할 수 있습니다. 특히 부모의 관심과 사랑이 아이가 낸 성과에만 지나치게 집중되면 더욱 그렇습니다. 실제로 많은 학생들이 배움 자체보다 평점에 치중하는 경우가 많아서 점수를 잘 받을 수 있는 쉬운 과목을 선택하기도 합니다.

아이가 우수하면 부모로서 자부심을 느끼는 것은 사실입니다. 아이들이 우등생으로 학교생활을 잘해내는 일은 부모의 압력이나 기대 때문이 아니라 스스로 동기 부여가 돼야 합니다.

하워드 가드너(Howard Gardner)는 《마음의 틀: 다중 지능 이론

(Frames of Mind: The Theory of Multiple Intelligences)》에서, 이렇게 성적과 등수에 집착하는 것은 중상위층 사람들이 갖고 있는 잘못된 생각을 보여주는 것이라고 했습니다.

캐런 아놀드(Karen Arnold)가 81명의 졸업생 대표들을 대상으로 15년 동안 진행한 연구에서 밝혀진 것처럼, 대학 졸업 후 그들의 삶은 졸업생 대표가 아니었던 사람들보다 그리 성공적이지 못했습니다. 또 로젠펠드(Rosenfeld), 와이즈(Wise), 그리고 콜즈(Coles)는 《극성 부모, 시달리는 아이들(The Overscheduled Child: Avoiding the Hyper-Parenting Trap)》에서, 명문 사립대학교가 아닌 시립대학교와 주립대학교에 진학한 사람들 중에도 베스트셀러 작가가 되고, 기업을 이끌고, 여러 분야에서 성공을 이룬 사람이 많다고 했습니다.

다음은 성적에 대한 부담으로 힘들어하는 아이를 편하게 해주는 방법들입니다.

* 아이를 그 자체로 바라보고, 성공적인 삶은 성적만으로 가능한 것이 아니라는 사실을 잊지 말자. 아이가 가진 관심과 재능에 따라 다양한 분야의 기술을 익히도록 지지해주자.

* 아이들은 저마다 소질이 다르다는 것을 잊지 말자. 부모가 해야 할 일은 아이가 자기 고유의 소질을 발견하고 계발할 수 있도록 돕는 것이다. 성공과 만족에 이르는 길을 미리 알 수는 없지만 아이가 자신의 장점을 최대한 활용하도록 돕고 다양한 기회를 마련해주자.

* 아이를 통해 당신의 삶을 살려고 하지 말자. 부모가 했던 실망, 좌절, 실

패를 아이가 보상해줄 거라는 기대를 하지 말라는 뜻이다.

- 일반적인 기준(성적, 경기 결과, 외적인 성취)에서 벗어나 아이를 평가하자. 행복감, 만족, 긍정적 자존감, 좋은 인간관계, 건강 등의 내적인 지표도 그 가치를 인정받아야 한다.

솔직한 대화가 성에 대한 불안을 줄입니다 ___

성은 주로 건강과 생물학적인 측면에서 다뤄질 뿐 불안장애의 원인으로 인식되는 경우는 드뭅니다. 부모가 자신들의 성생활을 편하게 받아들이지 않거나, 성에 대해 아이와 솔직한 대화를 하지 않으면 아이들은 성적인 문제에 대해 불안감을 가질 가능성이 큽니다.

십대 자녀가 임신할까 봐 불안해하는 부모는 그 문제에 권위적으로 접근하거나 아예 회피해버리곤 합니다. 매우 안타까운 일이죠. 사실 대부분의 십대들이 가장 많이 고민하는 문제가 바로 성입니다. 자위, 성관계 시의 느낌, 데이트, 친밀한 행위, 사랑에 대해 관심을 갖는 것은 발달상 정상적인 과정이지만 혼란스럽고 불안해질 때가 많습니다. 이런 관심은 성인이 되었다고 해서 끝나는 것이 아니며, 아이 때 청소년기의 성에 대해 준비를 하지 못하면 그 뒤에도 만족스러운 성생활을 누리지 못할 수 있습니다.

자기 생각을 주장하는 능력이 부족하거나 우울증이 있거나 성적 자극에 대한 판단력이 미숙한 아이라면 각별히 주의해야 합니다. 늘 자신을 억제하고, 부끄러워하고, 불안해하고, 우울해하고, 자기 생각을 좀처럼 말하지 못하는 아이는 성적인 부담감에 대처하는 기술이 부족할 수 있습니다. 따라서 자기 생각을 표현하는 능력을 키우고 성에 관해 대화하는 기술을 익히는 등 여러 개입이 이뤄지면 안전한 성을 장려할 수 있고 성에 대한 불안감을 낮추는 데 큰 효과가 있습니다.

다음은 아이들의 성적 불안감을 줄일 수 있는 몇 가지 방법들입니다.

- 성적인 문제에 대해 솔직하고 객관적인 태도로 아이와 대화를 나누자. 전문가가 될 필요는 없다. 잘 모르는 문제가 있다면 믿을 만한 자료를 통해 해답을 찾으면 된다.
- 임신과 성병 등 부모가 걱정하는 것들을 아이에게 말하는 것은 괜찮지만, 십대가 된 아이의 행동을 통제할 수는 없다는 것을 받아들여야 한다. 공포 분위기를 조성하는 것도 별다른 효과는 없다. 그보다는 사실적인 정보로 영향을 미치는 것이 훨씬 낫다.
- 아이 스스로 결론을 내도록 돕자. 민감한 문제는 감정에 치우치기보다 사실적인 정보를 제시하는 편이 더욱 강한 영향을 미친다.
- 성에 관심을 갖고 집착하는 것은 인간의 생물학적인 본능이며 십대들의 자연스러운 현상임을 인정하고 받아들이자.
- 아이가 자신을 존중하고 자기 생각을 분명히 표현하게 함으로써 위험한 행동을 하지 않도록 격려하자.
- 아이와의 '역할 놀이'를 통해(남녀 사이에 벌어질 수 있는 상황극 등) 성적인 압박과 유혹에 대처하는 대화 기술을 익히게 하자.

종교가 있으면 도움이 될까요? ___

영적·종교적 생활은 규칙적으로 기도하는 것, 전능한 존재를 믿는 것, 교회나 절에 다니는 것 등이 모두 포함됩니다. 이런 것들이 아이의 불안감 해소에 도움이 될까요?

분명 도움이 됩니다. 아이들은 모든 것에는 각자의 자리가 있다고 믿으며 안심하고 싶어하고, 자신이 속한 세계에 질서와 의미가 있을 때 훨씬 안정되고 안전하게 느낍니다. 영적 또는 종교적인 토대가 마련돼 있으면 강한 정체성을 갖게 되어 자기 생각을 말하지 못하거나 미래에 대한 걱정 때문에 불안해지는 것을 막을 수 있습니다. 이것은 걱정이 많은 아이에게 특히 중요합니다. 이런 믿음이 있으면 테러나 전쟁, 자연 재해 등 세상의 갖가지 위험과 관련된 불안증을 극복할 수 있습니다.

믿음을 갖는 데 꼭 특정 종교를 고수해야 하는 것은 아닙니다. 교회나 절에 다니는 것, 식사 전 감사기도, 규칙적인 기도, 전능한 존재의 인정, 종교 휴일을 지키는 것 등 가족끼리 갖는 행사와 종교적인 관행들은 모두 아이의 영적 정체성의 기초가 됩니다. 물론 체계적인 종교들은 일정한 종교 예식을 갖추고 있습니다. 또 종교마다 통과 의례가 있는 경우도 있습니다. 이런 특별한 행사는 청소년기의 정체성 형성에 매우 중요한 역할을 하며, 아이가 자라서 청소년이 된 것을 기념하면서 가족과 지역 사회가 아이의 발달을 지지하고 있음을 보여줍니다. 또 이런 관례들은 청소년들이 영적인 정체성을 발달시키는 데 깊이와 의미를 더해주며 불안에 대처하는 개인적인 힘을 마련해줍니다.

부모가 서로 다른 종교를 갖고 있으면 힘든 상황이 생길 수 있습니다. 이런 부모들은 대부분 아이를 키우는 방식에 합의하지 못하고, 아이에게 일관된 믿음의 기초도 마련해주지 못합니다. 양쪽 종교를 다 따르게 하는 부모도 있는데 이러면 스트레스와 불안을 가중시킬 수 있습니다. 이론상으로는 합리적이고 공평한 것 같지만 두 가지 종교를 다 따르게 할 경우 아이들은 대개 혼란스러워하고, 자신의 신앙심이 순수한지 갈등을 느끼면서 스트레스를 받고 불안해합니다. 부모의 종교가 다른 집에서 자란 아이들이 성인이 되면 어느 종교에도 속하지 못하는 아웃사이더처럼 느낍니다.

부부끼리 종교가 다르다면 다음과 같은 것들을 생각하면서 아이들이 갖는 불안과 혼란, 부정적인 느낌을 줄일 수 있도록 노력해봅시다.

❊ • 부부끼리 종교의 차이를 솔직하게 터놓고 이야기한 적이 있는가? 둘 중 한 사람이 상대방의 종교로 개종할 뜻은 없는가?
   • 아이의 출생을 기념하는 의식이 있는가? 있다면 어떤 것인가?(세례식 등)
   • 아이에게 종교적으로 어떤 정체성을 갖게 해주고 싶은가?
   • 가족의 삶에 종교는 언제, 어떤 영향을 미치고 있는가?
   • 집에서 어떤 기념일을 지킬 생각이며 어떻게 축하할 것인가?

아이들은 부모의 종교가 달라도 불안하고 혼란스러워하지만, 지역 사회에서 자신의 종교가 소수 그룹에 속할 때도 같은 어려움을 겪을 수 있습니다.

이런 스트레스는 크리스마스와 부활절 등 대다수의 아이들이 축하하는 기념일이 되거나, 종교적 소수 그룹에 속하는 아이들이 따로 시간을 내서 자신들의 기념일을 지켜야 할 때 더욱 심해집니다. 자신의 종교가 아닌 다른 종교의 학교에 다닌다면, 그 아이는 자신이 있을 자리가 아닌 것처럼 느끼고, 또래 아이들에게 오해를 받으며, 심한 경우 따돌림까지 당할 수 있습니다.

아이가 종교와 민족적인 문제 때문에 불안해한다면 다음과 같은 방법들을 이용해봅시다.

- 종교적·민족적 정체성에 대해 자긍심을 심어주자. 예배와 종교 행사에 참석하게 하고, 종교가 같거나 같은 민족인 사람들이 함께하는 여러 활동에도 참여하게 하자. 종교와 민족의 역사적 배경에 관한 책들을 읽게 하는 것도 자긍심과 자존감을 키우는 데 도움이 된다.
- 타인을 존중하고, 관용적인 태도를 갖고, 다양성을 인정하는 것이 얼마나 중요한 지 자주 대화를 나누자. 그리고 부모가 먼저 그런 태도와 행동을 보여 바람직한 본보기가 되자.
- 다른 종교와 전통에 대해 배울 수 있는 기회를 찾아보자.
- 마찰이나 좋지 못한 일이 생겼을 때 상황이 적절하다면, 그 일을 기회로 삼아 부모의 종교나 민족적인 배경을 다른 사람들에게 알려주자.
- 자주 여행을 하고, 다양성에 대한 교육을 받고, 외국에서 공부하는 등 여러 기회를 통해 아이가 성공적인 삶을 준비하도록 돕자.

부모가 이혼하게 된다면 ___

요즘에는 경제적인 이유 때문에 이혼하는 경우가 많습니다. 부모의 이혼은 아이들에게 심각한 영향을 미치며 불안증을 초래하는 주요 원인이 됩니다. 아이에게 부모의 이혼은 부모의 죽음에 이어 두 번째로 큰 스트레스 요인입니다.

나는 개인적으로 부모의 이혼이 어떤 영향을 미치는지 잘 압니다. 열 살 때 내 부모님이 별거했기 때문이죠. 장남이었던 나는 어머니와 살면서 가끔 아버지가 보러올 때만 만날 수 있었습니다. 몹시 겁나고 혼란스러운 시기였죠. 이혼은 부부뿐 아니라 그들의 자녀에게도 장기적인 영향을 미칩니다. 부모의 이혼은 아이가 성인이 되어서까지 지속적인 영향을 미치며, 특히 아이가 자라서 자신의 결혼이나 배우자와 관련된 문제에 처했을 때 최고조에 달합니다. 또 아이 자신이 부모가 되고나서도 영향을 받을 수 있죠.

이혼 위기에 처한 부부는 실제로 이혼하기 전부터 긴장감이 돌고 자주 부딪힙니다. 때문에 아이들은 부모가 노골적으로 폭력을 쓰는 모습을 보지 않아도 불안해할 수밖에 없습니다. 이혼에 따른 스트레스는 극심한 위기가 지나고 부모가 헤어져 살게 된 뒤에도 계속 이어집니다. 양육권이나 방문권 문제가 불안정할 때가 많고, 이혼 후 오랜 시간이 지나도록 부모 사이의 갈등이 계속 남아 있거나 악화되는 경우도 있기 때문이죠. 새 엄마나 새 아빠와 살아야 하는 것도 또 다른 스트레스가 됩니다.

이혼이 미치는 영향 :

내가 샌프란시스코에서 공부하는 학생이었을 때 지도교수 중 한 분이 었던 주디스 월러스타인(Judith Wallerstein)은 이혼이 미치는 영향에 대해 매우 독특하고 복합적인 연구를 시작했습니다.

그녀는 캘리포니아 주 마린 카운티에 살고 있는 상위 중산층 60가구에 대한 사례 연구를 진행했고, 25년 동안 그 가족들과 정기적으로 인터뷰를 했습니다. 그들 대부분은 백인이었고 자녀의 수는 총 131명이었습니다. 아이들은 모두 우수한 학생이었고 부모들 중 정서적인 문제로 심리 상담을 받은 사람은 한 명도 없었습니다. 부모들은 대부분 대학 교육까지 받았으며 절반 이상의 가정이 교회나 유대교 회당에 다니고 있었습니다. 즉, 이 연구는 가장 좋은 환경에 속한 가정의 이혼을 다뤘다는 뜻입니다. 정상적인 가정의 아이들이 비교되지 않았다는 점에서 아쉽기는 하지만 이 연구는 전례가 없을 만큼 긴 시간 동안 이혼 가정에 대한 추적 연구가 진행됐다는 점에서 큰 의미가 있습니다.

1989년에 주디스 월러스타인 교수는 샌드라 블레이크슬리(Sandra Blakeslee)와 함께 자신의 연구에서 알게 된 놀라운 사실들을《두 번째 기회: 이혼한 지 십년 뒤의 남자와 여자 그리고 아이들(Second Chances: Men, Women and Children a Decade after Divorce)》라는 제목의 책으로 출간했습니다.

이혼한 지 10년이 지난 가정의 아이들 중 41퍼센트는 상황이 좋지 않았습니다. 그 아이들은 걱정이 많고, 성취 능력이 부족하고, 늘 화가 나 있고, 걸핏하면 자신을 비하하는 젊은이로 자라 있었죠. 이제 막 어른이 된 그들 대부분은 약속과 섹스, 사랑, 결혼, 가족, 아이를 갖는 것에 대해 심각한 불안증을 갖고 있는 것으로 나타났습니다. 그런데 이혼한 부부가 서로의 차이점은 제쳐두고 아이들을 위해 돕고 노력한 가정의 아이들은 그 나이가 되어도 잘 자라 있었고 양쪽 부모와의 관계를 계속 유지하고 있었습니다. 다음은 연구를 통해 밝혀진 몇 가지 사실들입니다.

❀ **수면자 효과(sleeper effect)** : 이혼이 아이들에게 미치는 영향은 뒤늦게 나타나기도 했다. 이 경우의 아이들은 열아홉에서 스물 셋 사이에 그 영향을 가장 심각하게 받았다. 아이들은 부모가 실패했던 관계를 생각할 나이가 되면서 남녀 할 것 없이 모두 불안해했고, 이들 세 명 중 한 명은 불안증 및 인간관계에 관한 문제 때문에 치료를 받았다.

거부와 버림받는 것에 대한 불안 : 아이들 다섯 명 중 셋은 한쪽 부모 특히 아버지로부터 거부당했다는 기분을 느끼고 있었다. 아버지가 자주 만나러 오고 또 긴 시간 같이 있어도 그 기분은 변함없었다. 아이들은 늘 아버지를 그리워했고 그 욕구는 사춘기를 겪으며 더욱 심해졌다. 사춘기 아이들 중 34퍼센트는 1년 이상 아버지와 함께 살았지만 그 중 절반은 자신이 깨달은 것에 실망하고 엄마 집으로 돌아갔다. 부모의 이혼을 겪은 아이들은 어른이 되어서도 누군가에게 거부당하고 버림받을까 봐 늘 두려워했다.

어린 아이들의 불안 : 취학 전 아이들은 부모가 이혼할 때 엄청난 스트레스를 받았다. 이때의 아이들은 모든 연령대 중 가장 심한 불안감을 느끼고 여러 가지 심각한 증상들도 보였다. 아이들은 엄마, 아빠 둘 다 자신을 버릴까 봐 두려워하면서 잘 자지도 못하고 혼자 있는 것도 몹시 싫어했다.

십대의 불안 : 청소년기는 부모의 이혼이 미치는 위험이 특히 심각한 시기였다. 놀랍도록 많은 십대들이 신체적·정서적으로 버림받았다는 충격적인 기분을 느끼고 있었다. 아이들은 가족이란 울타리 속에서 보호받지 못하고, 도덕적인 가르침을 받지 못한 것에 불만이 많았다. 청소년을 위한 입원 환자 프로그램 아이들 중 80퍼센트는 이혼 가정의 아이들이었다.

약물 남용과 섹스 : 14세 이전에 약물과 알코올을 접한 아이들 수는 정상 가정보다 이혼 가정의 아이들이 훨씬 많았다. 여학생의 경우는 성경험이 훨씬 빨랐다. 약물과 알코올은 부모의 이혼을 겪은 십대 아이들이 불안감과 우울증을 이겨내기 위해 택한 방법 중 하나였다.

이 결과들은 내가 상담을 통해 치료한 수많은 아이들의 경우와 일치합니다. 네 살부터 열 살 사이의 어린 아이들이 자면서 오줌을 싸거나 배변을 가리지 못해 병원을 찾는 경우가 많습니다. 이외에도 수면장애와 소화 불량, 또 긴장을 풀지 못해 힘들어하는 아이들도 있습니다.

아홉 살에서 열두 살 사이의 아이들은 불안감과 죄의식, 분노 같은 정서적인 문제를 갖고 있는 경우가 많습니다. 이런 정서 상태는 대부분 문제 행동으로 이어집니다. 치료한 아이들 중 몇몇은 불안감을 잊기 위해 약물이나 술을 이용한 한편 일부 아이들은 성적으로 문란한 행동을 일삼기도 했습니다. 또 십대 아이들은 인간관계와 성적인 문제, 사람들과 친밀해지는 것을 두려워하고 불안해했습니다. 이혼한 가정의 성인 자녀들 중에도 버림받았다는 상처와 함께, 누군가에게 헌신하거나 아이를 갖는 것을 불안해하는 경우가 많습니다.

열 살이었던 나타샤는 학교에서 자꾸 문제를 일으킨다는 이유로 상담하게 된 아이였다. 나타샤는 원래 바르게 행동하는 착실한 아이였기 때문에 갑자기 왜 그렇게 변했는지 아무도 아는 사람이 없었다. 나타샤의 엄마와 첫 면담을 하면서 나는 그 부부가 별거 중이고 음악가였던 아버지가 집을 나갔다는 것을 알게 되었다. 나타샤의 부모는 이혼을 앞두고 있었다.

몇 차례 상담 치료를 받는 동안 나타샤는 상담실에 있는 인형의 집 세트를 주로 갖고 놀았다. 그런데 아이가 만들어놓은 인형 가족 중에는 늘 아버지가 없었다. 왜 그런지 물어봐도 나타샤는 대답을 하지 않았다. 그렇게 몇 차례 더 치료가 진행된 뒤 어느 날 인형 가족을 줄지어 세우던 나타샤가 불쑥 이런 말을 했다.

"보세요, 이 소녀의 아빠는 음악가여서 날마다 악기를 연주했어요. 하지만 악기를 연주하려면 집이 아주 조용해야 했죠. 그런데 이 여자애가 너무 시끄럽게 구니까 아빠는 다른 곳에서 연주를 하기 위해 집을 나가버렸대요."

그 말을 듣고 나는 왜 아이가 학교에서 문제아가 되었는지 깨달았다. 아빠가 집을 나간 것은 부부 문제 때문이었는데 나타샤는 자기 탓이라고 믿고 있었다. 나타샤는 가족이 떨어져 사는 것에 죄책감을 느끼고 불안해했으며 자신이 벌을 받아야 한다고 생각했다. 그래서 학교에서 그렇게 행동함으로써 무의식적으로 벌을 청하고 있었던 것이다.

나타샤처럼 부모가 이혼을 하면 엄마, 아빠 중 한 사람의 존재가 아이의 삶에서 희미해지는 경우가 많습니다. 이것은 아이들의 불안감을 부추기고 버림받았다는 격한 감정과 상실감에 휩싸이게 만듭니다. 부모 중 한쪽하고만 살게 되면서 받는 스트레스도 만만치 않으며 앞으로 자신이 꾸리게 될 삶의 기준치도 낮아집니다.

이혼 후의 긍정적인 모습 :

부모가 이혼했다고 해서 모든 아이가 상실감과 버림받은 고통을 겪는 것은 아닙니다. 내가 기억하는 어떤 아빠는 이혼을 한 뒤 임시로 집 근처에 있는 방을 얻어 지내다가 나중에는 같은 동네에 있는 아파트를 임대해 살았습니다. 그는 아이들을 학교에 태워다주면서 날마다 만났고, 아이들과 전 부인이 살고 있는 집을 계속 수리하고 보수해줬습니다. 부모로서 헌신하고 자녀의 양육을 분담하는 일에 적극 협조한 것이었죠. 이와 비슷하게, 이혼 후에도 아이와 하던 특별 활동을 계속 같이 하던 아빠도 있었습니다. 상담을 위해 나를 찾아온 아이들의 아빠 중에도 늘 아이와 같이 면담을 하기 위해 동행하는 아빠들이 있었죠.

이혼 뒤에도 여전히 헌신적인 부모의 모습을 보여준 또 한 가정이 있습니다. 상담을 했던 두 아이의 집이었는데 이혼 뒤에도 부부는 부모로서 매우 원만하고 협조적인 관계를 유지했습니다. 하지만 엄마가 다른 지역에서 일을 하게 되자 아이들도 엄마를 따라 이사를 갔습니다. 아이들의 엄마가 재혼을 한 뒤에도 아빠는 자주 아이들을 만나러 갔죠. 방학 때는 아이들이 아빠 집에 가서 함께 지내다 오기도 했고요. 그러던 중 아빠는 획기적인 결단을 내렸습니다. 회사 측과 협의해서 출근을 하지 않고 컴퓨터로 일하게 된 것이죠. 그는 집을 팔고 아이들이 사는 곳으로 이사를 가서 걸어 다닐 수 있는 거리에 사무실과 아파트를 얻었습니다. 이렇게 지원과 협조를 아끼지 않는 부모 덕분에 그 집 아이들은 별다른 문제를 겪지 않았습니다.

아이의 관점에서 바라본 이혼 :

아이의 입장에서 봤을 때 이혼은 바람직한 해결책이 아닙니다. 부모의 문제는 해결될지 몰라도 아이들은 좀처럼 긍정적인 변화라고 생각하지 않습니다. 대신 자신들이 원하지 않았는데도 가족이라는 틀이 깨지고 익숙했던 것들이 없어지는 것으로 받아들입니다. 앞에 언급한 몇몇 예외적인 사례들을 제외하고, 대부분의 아이들은 불안감을 느끼고, 우울해하고, 무기력감을 느낍니다.

내가 열 살 때 부모님이 별거했던 때가 생각난다. 어린 내가 보기에도 어머니와 아버지는 그리 잘 지내는 것 같지 않았고 아버지가 집을 떠나기 전에는 드러내놓고 다투신 적도 몇 번 있었다. 부모님이 별거한 뒤 처음으로 아버지가 사는 아파트에 갔던 일은 지금도 생생하게 떠오르는 기억 중 하나다. 그때 나는 정말 뭐라 말할 수 없을 만큼 낯설고 이상한 기분이 들었다.

부모님의 팽팽한 신경전은 내가 청소년기를 다 보낼 때까지도 끝나지 않았다. 가장 힘들었던 부분은 주말에 내가 아버지 집을 다녀올 때마다 두 분 사이의 전달자 역할을 해야 하는 것이었다.

"아버지한테 양육비가 아직 입금되지 않았다고 꼭 말하렴."

"다음 주에는 토요일 말고 일요일에 너희를 보러 간다고 엄마한테 전해라."

심지어 양육비가 든 돈 봉투를 아버지에게 받아서 엄마한테 가져다드린 적도 있었다. 또 두 분 중 누구 편을 들 수도 없어 심한 갈등을 겪었고 내 감정을 솔직히 표현할 수도 없었다. 대학 때 가끔 집에 가면 아버지는 이렇게 묻곤 했다.

"너는 왜 늘 엄마부터 만나고 오는 거냐?"

고등학교 졸업 때도 조마조마한 순간이 여러 번 있었다. 두 분은 딱딱하게 굳은 얼굴로 나란히 앉아서 아이들이 졸업장과 상장을 받는 것을 바라봤고 나중에 식당에 가서도 서로에 대한 적의를 감추느라 무척 애쓰는 눈치였다.

한번은 상담을 받던 열세 살짜리 소녀가 부모의 이혼에 대해 느끼는 기분을 무척 가슴 아프게 표현한 시를 쓴 적이 있습니다. 소녀는 "자신에게 일어난 일을 떠올릴 때마다 배가 스멀거리듯 아프다"고 했고 "아무도 내가 약하고 외로운 아이라고 생각하지 않길 바라면서 혼자 내 방 한쪽 구석에 처박혀 운다"고 썼습니다.

별거 중일 때의 부모 역할 :

별거나 이혼을 하면 부모 모두 몹시 감정적인 상태가 됩니다. 그래서 아이의 욕구를 객관적으로 고려하거나 아이의 입장에서 생각하지 못하는 경우가 많죠.

별거라는 극심한 위기 중에도 부모는 아이의 불안을 최소화할 수 있습니다. 솔직하고 객관적이며 세심한 태도로 아이와 대화를 나누세요. 현재 상황을 엄마와 아빠가 함께 말해줄 수 있다면 더욱 좋습니다.

다음은 별거나 이혼 과정 초기에 아이와 대화를 나눌 때 꼭 참고해야 할 사항들입니다.

- 별거하기 전 앞으로 일어날 일을 조심스럽게 말해주면서 아이가 마음의 준비를 하게 하자. 짧아도 2주 전, 최소 며칠 전에는 미리 말하는 것이 좋다. 가능하면 부부가 함께 말해야 한다. 슬픔 같은 감정을 드러내는 것은 괜찮지만 아이와 대화할 때는 용기를 내서 이성적이고 성숙한 태도로 명확하고 솔직하게 해야 한다.

- 아이가 여럿이면 한 번에 다 같이 말하자. 그래야 아이들끼리 서로 도와가며 새로운 소식에 대처할 수 있다. 나이 차이가 좀 있다면 일단은 다 있는 데서 말하고, 그 다음에 각 아이의 수준에 맞춰 따로 이야기를

나누자. 예를 들면 이런 식이다.

"엄마, 아빠는 서로를 영원히 사랑할 줄 알았고 또 그러길 바라서 결혼했어. 하지만 지금은 우리가 행복하지 않다는 걸 알게 됐지. 우리는 더 이상 사랑하지 않아. 서로 늘 싸우기만 한단다. 그래서 이제는 싸우는 것을 멈추고 평화를 찾고 싶어."

- 주요 변화와 진행 상황을 아이들에게도 알려주자.
- 부모는 여전히 아이들을 사랑한다는 것을 보여줘 안심하게 하자. 그리고 올바른 방법을 통해 아이와의 유대를 유지하자.
- 아이가 앞으로도 계속 엄마, 아빠를 사랑할 수 있도록 허용하자.

이혼 후의 부모 역할 :

앞에서 언급한 캘리포니아 연구에서 이혼 후 공동 양육 방식은 네 가지 유형으로 분류합니다. 각 유형은 이혼 후 양쪽 부모의 관계를 담고 있는데 이 관계는 아이의 불안감을 줄이는 데 가장 큰 역할을 합니다.

✽ **완벽한 친구 관계 :** 이혼 후 아이에 관한 의사결정과 양육을 공유하는 관계다. 이들은 서로를 존중하며 가족끼리 하는 활동들도 함께한다. 드물지만 우정 어린 관계를 계속 유지하는 부부들도 있다.

협력적 동료 관계 : 친구까지는 아니지만 아이를 위해서는 함께 노력할 수 있는 관계다. 이들은 의사소통에 있어 우호적이며, 양육의 책임을 분담하고, 서로의 갈등과 자신의 감정을 조절할 줄 안다.

화난 동료 관계 : 이혼 후에도 계속 서로를 미워하며 화를 내고 다투는 관계다. 이들은 양육권과 방문권을 두고 잦은 마찰을 빚는다.

맹렬한 적대 관계 : 이렇게 강렬한 적대 관계에 있는 부부는 부모로서 협력해야 한다는 생각조차 하지 못한다. 서로 의사소통이 불가능하기 때문에 계속 싸움을 반복한다.

결혼 생활 중에도 잘 지내지 못한 부부는 이혼 후에도 서로 협력하기 어렵습니다. '완벽한 친구 관계'가 되는 것은 현실적으로 어려울 수 있지만 '협력적 동료 관계'는 충분히 가능합니다. 아이의 불안감을 줄이기 위해서는 이혼 후에도 부모가 서로 돕는 모습을 보이는 것이 꼭 필요합니다.

다음은 이혼 후 부모로서 협력적인 관계가 될 수 있는 몇 가지 방법들입니다.

- 무엇보다 중요한 것은 평화와 안정, 최소한의 상실감만을 바라는 아이의 마음에 중점을 두는 것이다.
- 아이의 행복을 위해서는 전 배우자와 협력적인 동반자 관계로 지내야 한다는 것을 명심하자.
- 전 배우자에게 이 장의 내용을 보여주고, '협력적 동료 관계'로 남고 싶다는 당신의 뜻을 분명히 밝히자.
- 필요하다면 개인적인 상담을 통해 협력적 관계에 방해가 되는 분노와

괴로움, 상처들을 떠나보내자.

- 필요하다면 갈등을 해결하는 기술을 익혀서 전 배우자와 우호적으로 대화하는 법을 배우자.

- 아이를 전 배우자와의 대화 통로나 전달자로 이용하지 말자.

- 할 말이 있을 땐 아이가 알지 못하게 전화나 이메일로 직접 하자.

- 전 배우자와 대화할 일이 있을 땐 먼저 잘 생각하자. 또 스트레스를 받거나, 배가 고프거나, 피곤할 때보다 몸과 마음이 편안한 시간을 택하는 것이 좋다.

- 필요하다면 조력자를 통해서 협력적인 의사소통이 이뤄질 수 있게 하고 아이의 생각을 최우선시하자.

- 법체계는 적대감을 부추겨 '이기고 지는 것'에만 중점을 두게 할 수 있다. 양측이 합의하면 조정도 성공할 가능성이 크므로, 생각의 차이는 법정 밖에서 해결하도록 노력하자.

- 전 배우자에게 공동 양육 의사가 없다면, 기본적인 예의와 자제력을 유지하면서 당신 혼자 키우는 것이 아이에게 더 좋을 거라는 믿음을 갖자.

가정 내에서 아이의 불안을
막을 수 있는 방법

아이들을 불안하게 만드는 요소는 가정에서도 다양한 원인이 있다. 부모의 불안, 이혼, 훈육 방법, 성과에 대한 압박, 종교, 성적인 문제 등이다.

가족계획 : 아이를 가질 계획은 헌신적인 관계 속에서 이상적으로 고려돼야 한다. 걱정과 불안 없이 자신감 있는 아이로 키우기 위해서는 안정적인 환경이 장기적으로 확보되는 것이 중요하다.

임신 : 임신 기간 동안 좋은 생각을 하며 사랑으로 가득한 편안한 시간을 보내면 태어날 아기가 느낄 수 있는 불안감을 예방할 수 있다.

부모와 아이 사이의 탄탄한 유대 그리고 안정성 : 잦은 스킨십, 일관성 있는 태도, 아이의 기분을 섬세하게 배려하는 것은 강하고 긍정적인 유대를 위해 꼭 필요하다.

바람직한 역할 모델 : 부모는 자신이 아이들에게 가장 중요한 역할 모델이라는 사실을 알아야 한다. 따라서 행동과 태도를 늘 조심하고 모범을 보이기 위해 노력해야 한다. 부부 관계에서 나타나는 모습도 이에 해당된다. 부모가 서로를 대하는 태도는 사랑과 존중, 배려를 가르칠 수 있는 최초의, 가장 강력한 본보기가 되기 때문이다.

영적인 생활과 종교 : 불안해하는 아이가 영적·종교적 정체성을 가질 수 있는 대상을 찾자. 신이나 전능한 존재의 개념을 이용해 아이가 안전하다는 것을 확인시켜주고 모든 것은 순리대로 될 것이라는 믿음을 갖게 하자.

적절한 훈육 : 부모는 아이의 행동에 영향을 미칠 수 있는 적절한 방법들을 의논하고 합의해야 한다. 이상적으로는, 바람직하지 않은 행동을 했을 때 벌을 주는 것보다 바람직한 행동을 했을 때 긍정적인 강화를 하는 편이 더 바람직하다. 오늘날 심리학자들은 훈육을 할 때 신체적인 벌을 주거나 위협하는 것, 아이가 좋아하는 것들을 빼앗는 것, 아프게 하는 것 등의 행위는 하지 않아야 한다는 의견이다. 이런 행위들은 불필요한 두려움과 트라우마, 불안감을 일으킬 수 있기 때문이다. 부모는 아이가 한 행동과 아이의 품성을 구분지어 생각할 수 있어야 한다. 화가 나고 좌절감이 들어도, 한결같은 사랑을 보여주며 아이의

잘못된 행동을 바로잡도록 노력하자.

의사소통: 바람직한 훈육을 위해서는 효과적인 의사소통이 필요하다. 아이와의 의사소통에 도움이 되는 방법들은 다음을 참고하자.

효과적인 의사소통 방법

- 생각과 말을 일치시키자. 아이들은 부모가 건성인지 진지한지 금방 안다. 같은 요구를 세 번 이상 되풀이해 말하지 말자.
- 아이를 훈육할 때는 단호한 어조로 말하되 자제력을 잃지 말자. 어린 아이들은 부모를 보며 배운다.
- 아이와 대화를 주고받을 때는 눈을 맞추자.
- 아이와 가까운 거리에서 대화하자. 고함을 지르거나 각자 다른 방에서 큰 소리로 말하는 것은 바람직하지 않다.
- 학교에 다니는 아이와 대화할 때는 의자에 앉고, 걸음마를 떼기 시작한 아이라면 바닥에 앉는 식으로 아이와 눈높이를 맞추자.
- 신체적인 접촉을 자주 하자. 사랑스러운 손길로 아이를 어루만지거나 안아주는 것은 천 마디의 말과 같은 효과가 있다.
- '지렛대 효과'를 활용하자. 아이가 원하는 것을 파악해서 바람직한 행동의 자극제로 활용하는 것이다.
- 말한 대로 실천하자. 바람직한 역할 모델이 되자.
- 일상생활에 드는 시간을 여유 있게 잡아 스트레스를 줄이자. 잠자리 준비, 옷 입기, 식사, 머리 손질, 외출 준비 등.
- 현실적인 계획을 세우자. 아이들에게 당신이 바라는 것과 기대하는 것을

정확히 알리자. 계획을 세우거나 바뀐 것이 있을 때는 미리 알려주자.

- 건강한 습관을 갖자. 규칙적인 운동, 적당한 영양 섭취, 충분한 수면은 건강을 위해 꼭 필요한 것들이다. 다시 말하지만 아이들은 부모를 보면서 배운다. 그러므로 부모가 먼저 건강하게 생활하는 모습을 보이자.

- 스트레스를 잘 관리하자. 스트레스를 줄이고 일과 휴식 사이에 합리적인 균형을 맞추자.

제6장

사회와 환경에 따른 불안

이 장에서는 사회와 환경에 잠재된 위험 요소들을 다루겠습니다. 부모는 아이를 불안하게 만드는 요인들을 파악해서 적절한 조치를 취해야 합니다. 그런 것들에 대한 걱정에 사로잡혀서 합리적인 계획을 세우지 못하거나 대비하지 못하게 되는 사태는 피해야 합니다.

우리 주위에는 위험한 환경이 많습니다 ___

사회에 만연한 폭력적인 상황들은 아이들에게 심각한 위협이 됩니다. 폭력 행위가 비교적 적게 발생하는 시골 학교 아이들도 폭행과 집단 괴롭힘 등 기본적인 안전에 위협이 되는 일들을 겪을 수 있습니다. 이런 상황들은 모두 아이들을 바짝 긴장하게 만들고 불안을 가중시킵니다. 실제로 폭력을 당하지 않더라도 폭력 상황을 목격하는 것만으로도 외상후스트레스장애(PTSD)를 겪게 되는 경우가 많습니다.

이런 위험한 환경에서 아이들을 보호하려면 어떻게 해야 할까요?

❀ • 우리 주변에 위험한 요소는 분명히 있지만 나쁜 일이 실제로 일어날 확률은 낮다고 아이를 안심시키자. 환경적 위험 요소와 아이의 개인적 안전은 별개임을 알려주자.
  • 아이가 폭력 사건을 목격했거나 정신적 외상을 초래할 만큼 심각한 사건을 겪었다면 당신에게 털어놓거나 관련 교육을 받은 전문가들(학교 상담 교사나 심리 치료사 등)에게 상담을 받게 하자.
  • 아이가 위험에 대해 지속적으로 걱정하거나 다른 불안 증상을 보이면 심리 치료를 고려해보자.

자연 재해를 겪으면 어떻게 하나요? ___

자연 재해도 아이들에게 심각한 영향을 미치며 불안감을 키울 수 있습니다. 1992년 사상 최악의 폭풍으로 기록된 허리케인 앤드루를 겪은 아이들을 연구한 결과, 날씨와 관련된 재해가 미치는 여러 가지 영향들이 밝혀졌습니다.

많은 아이들이 아끼던 강아지와 장난감을 비롯해 자신의 물건과 집을 잃었고, 예상보다 훨씬 오랫동안 PTSD를 겪었습니다. 폭우가 지나고 석 달 뒤 아이들의 절반 정도는 보통에서 심각한 수준의 PTSD를 갖고 있었고 그 중 12퍼센트는 1년이 다 되도록 이 장애에 시달렸습니다. 또 3년 반이 지나도록 PTSD에서 헤어나지 못하는 아이들도 있었습니다. 이것을 보면 자연 재해나 인재는 아이들에게 아주 오랫동안 영향을 미치는 것으로 보입니다.

허리케인 같은 자연 재해에 관한 연구를 보면, 어떤 사건을 겪기 전 이미 불안 문제를 갖고 있던 아이들은 PTSD 증상이 훨씬 심각합니다. 또 다음과 같이 위기와 관련된 몇몇 상황들도 PTSD 증상을 더욱 악화시킬 수 있습니다.

❋ PTSD를 악화시키는 상황

- 같은 상황을 겪어도 위협을 더 크게 느낄 때
- 사건을 겪은 후 삶이 심각하게 무너졌을 때
- 가족과 친구들의 도움을 별로 받지 못할 때
- 다른 스트레스가 많을 때
- 자신을 탓하거나 남을 비난하는 등 부정적인 대응 기제가 작용할 때

이런 연구들을 봤을 때 다행인 점은, 아이가 가족과 사회로부터 든든한 도움을 받고 최대한 빨리 정상적인 일상으로 돌아올 수 있다면 불안증이 훨씬 줄어든다는 것입니다.

아이를 위해 다양한 방법의 가족과 사회의 탄탄한 지원이 필요합니

다. 그러면 자연재해나 위기 상황에 대한 아이의 불안감을 상당 부분 줄일 수 있습니다.

✱ 위기 상황 시 불안감을 줄여주는 방법

- 친근한 분위기를 조성하고, 친척과 이웃, 친구들과 자주 접촉하게 하자.
- 어린 아이라면 같이 노는 날을 정해주고 십대들은 모임을 만들게 해서 또래들끼리 친하게 지내게 하자. 아이들이 친구들의 부모님과 알고 지내게 하는 것도 좋다.
- 가족끼리 재난이나 비상상황에 대비할 수 있는 계획을 세우자. 즉 위기가 닥치면 서로 어떻게 연락을 하고, 부모와 연락이 되지 않을 때는 누구에게 전화를 해야 하며, 통화가 안 될 때는 어디에서 만날 것인지 미리 정해두는 것이다. 이렇게 하면 어려운 상황이 와도 통제할 수 있다는 안도감이 생긴다.
- 신문에 실린 사고들에 관해 대화를 나누면서 비상시 어떻게 행동해야 하는지 알려주고 미리 계획을 세울 수 있게 하자.

위험한 사람도 있다고 알려주세요 ___

아이가 집 밖에서 '위험한 사람'을 만나게 되는 경우가 있습니다. 특히 아이들을 '성적인 대상'으로 여기는 사람을 만나게 된다면 심각한 불안증이 생길 수 있습니다.

아동에 대한 '성적 학대'에는 아이에게 사진이나 동영상을 찍도록 돈을 주고 부추기는 모든 행위, 아이 몸의 일부나 전체를 노출시키는 것, 아이와 관련된 성 행위 및 성적인 흥분을 묘사하거나 가학 피학성 학대 행위 등이 있습니다. 성적 학대의 위험은 여자 아이들에게서 조금 더 많이 보고되고 있고 가장 취약한 나이는 열 살부터 열두 살 사이입니다. 혼자 지내거나 애정에 굶주리거나 부모의 적절한 관리가 부족한 아이들이 가장 위험합니다.

위험한 사람들은 아이들이 좋아할 만한 '미끼'를 활용하면서 웃음 띤 얼굴로 가볍게 말을 걸거나 친절한 행동으로 아이들을 유인해 해를 입힌다. 강아지를 미끼로 쓰는 경우라면 남자가 차 안으로 아이를 불러 강아지를 잃어버렸는데 찾는 것을 도와달라는 식이다. 도움을 미끼로 쓰는 경우도 있다. 운전자가 차를 세우고 지나가던 아이에게 길을 묻는 등 어떤 식으로든 도움을 청하는 척한다. 이럴 때 아이들은 곧바로 멀찌감치 물러나서 부모나 선생님, 주변의 아는 어른들에게 말하라고 가르쳐야 한다. 유괴범들은 차에서 내려 아이를 뒤쫓는 일이 거의 없다.

부모들을 위한 조언 :

부모는 아이들을 보호해야 합니다. 아이가 다섯 살 정도 되면 '위험한 사람들'이 쓰는 여러 가지 수법들을 가르쳐야 합니다. 또 어떤 것들이 성적 학대에 해당되는지도 알려주고, 누가 아이의 몸을 만지거나 다른 사람의 몸을 만지게 하는 것은 나쁜 짓이며 법에도 어긋난다는 것을 알려줘야 합니다. 단 합리적이고 적당한 수준의 안전 요령을 가르치는 것과, 불필요한 불안과 두려움을 키우는 것은 다르므로 균형을 맞추는 것을 잊지 마세요. 우리 주변에는 여전히 안전하며, 친절하고, 서로를 배려하는 사람이 많다는 것도 아이에게 알려줘야 합니다.

다음은 부모가 아이를 위해 할 수 있는 몇 가지 방법들입니다.

- 아이들에게 기본적인 성교육을 시킨다.
- 아이가 잘 아는 사람(친척이라도)이든 모르는 사람이든 아이를 부적절하게 만지는 것은 법에 어긋난다는 사실을 강조하자.
- 안전 문제를 의논할 때는 터놓고 솔직하게 이야기하자.
- 누가 몸을 만졌거나 불쾌한 일을 겪었다면 부모에게 사실대로 말하게 하자. 어른이 그런 짓을 했을 때는 더욱 그렇게 해야 한다.
- 아이의 친구들은 물론 그 가족들과도 알고 지내자.
- 학대를 당했거나 당할 뻔 했을 때 신고하는 것이 얼마나 중요한지 설명해주자.
- 자신이 가진 가치와 존엄함을 아이에게 알려주자. 자신의 생각을 명확히 표현할 수 있는 기술을 가르치자.
- 어떤 사람을 만나거나 상황에 처했을 때 자신의 직감을 믿고 따르도록 격려하자.

어른들의 부도덕이 사회에 대한 불신을 키웁니다 ___

아이들과 청소년들은 TV 뉴스와 신문, 또 어른들이 뉴스에 대해 토론하는 것을 들으며 정부와 기업, 여러 사회단체들의 위선과 기만을 깨닫게 됩니다. 미국 대통령이 연관된 성추문 사건, 엔론(Enron) 및 다른 기업들의 최고 경영자들이 주식을 대가로 회사 자산을 빼돌린 행위, 올림픽 위원회 내부의 부패와 뇌물 수수 등 사회를 불신하게 되는 사건을 계속 접하게 됩니다.

클린턴 대통령이 잘못을 저질렀던 것처럼 사회적인 리더들을 믿지 못하게 되면 우리의 아이들은 누구를 역할 모델로 삼아 진실한 태도를 배우고 안정성과 안전함을 확보할 수 있을까요? 이런 사회에서 자라는 아이들은 어떤 메시지를 받고, 어떻게 마음을 놓을 수 있을까요? 가장 확실한 역할 모델들을 불신하게 되면 아이들은 냉소적인 태도를 갖고 자신을 보호해야 할 사회의 능력에 회의를 품게 됩니다. 어디에도 명확히 책임지는 사람이 없고 어른들이 기본적인 도덕적 원칙을 지키지 않으면 아이들은 안전을 보장받을 수 없습니다. 이런 상황은 아이의 발달에 해가 되고 아이의 불안감을 조장합니다.

다음의 방법을 통해 아이의 불안을 줄일 수 있습니다.

- 아이들이 뉴스에서 보고 듣는 것들에 대해 자주 대화를 나누자.
- 어떤 리더가 자신이 속한 단체의 신뢰를 배신하는 행위를 했다면 그에 관해 깊이 있는 대화를 나누자. 또 어른이든 아이든 진실성을 갖고 행

동하는 것이 어떤 것인지에 대해서도 이야기해보자.

• 대화를 할 때는 아이가 이해할 수 있는 용어를 쓰자.

• 뉴스에 나온 사건 때문에 아이가 불안해하는 것 같다면, 부모의 정치적 입장 같은 이야기는 하지 말자. 대신 아이가 걱정하는 것을 털어놓게 하고 그 문제 뒤에 숨어 있는 원칙들을 토론하는 데 집중하자.

• 언제 어디서든 진실한 태도로 사람들과 소통하는 모습을 보여 아이를 위한 역할 모델이 되자.

소비주의를 조장하는 사회도 문제입니다 ___

우리 사회에서 아이들은 이미 중요한 '소비자'이며 많은 기업들이 아이들을 겨냥해 사업을 합니다.

아이들은 직접 돈을 쓰고, 가족의 소비에 영향을 미치고, 나중에는 시장의 주역으로 성장하는 만큼 기업들에게 중요한 고객입니다. 광고 업자들도 알고 있는 것처럼, 어린 시절에 형성된 소비 습관과 브랜드 충성도는 성인이 되어서도 계속 유지되는 경우가 많기 때문입니다.

어린이와 청소년들을 목표로 한 마케팅은 사회 곳곳에서 볼 수 있습니다. 쇼핑몰들은 아름다운 소녀나 멋진 소년의 매혹적인 모습을 보여주면서 십대들이 비싼 디자이너 의류와 액세서리를 구매하도록 유인합니다. 이런 마케팅 기법은 미(美)와 사회적 용인, 친구들의 인정, 타인과의 결속을 원하는 아이들의 바람을 적극 활용해서 옷, 액세서리,

화장품, 향수, 그 외 여러 가지 물건들을 사고 싶어 하는 욕구와 결합시킨 것입니다. 앨리사 쿼트(Alyssa Quart)가 《나이키는 왜 짝퉁을 만들었을까(Branded: The Buying and Selling of Teenagers)》에서 언급한 것처럼, 쇼핑몰들은 '모호하고 불안한 기분을 조성해서 상품 구매로만 해소될 수 있는 분위기'를 연출해놓고 많은 십대들을 유혹합니다.

그녀는 또 십대들을 끌어들이는 '컨설턴트'나 '유행 선도자'들이 있다고 폭로했습니다. 그들은 고액의 급여를 받고 십대들의 취향과 트렌드에 대해 정보를 제공하는 사람들입니다. 또래들을 이용한 P2P(peer-to-peer) 마케팅 역시 소비자들을 착취하는 전략입니다. 젊은이들을 고용해 십대 판 타파웨어 파티 같은 것을 벌여서 화장품과 바디 용품, 액세서리 등을 파는 식입니다.

십대나 십대를 갓 넘긴 연예인들을 광고 모델로 쓰는 것 역시 유혹에 약한 청소년들을 꾀는 방법입니다. 가수 브리트니 스피어스(Britney Spears)는 클레롤 샴푸와 폴라로이드 카메라, 맥도날드의 패스트푸드, 그리고 펩시콜라를 팔았습니다. 비너스 윌리엄스(Venus Williams)는 스무 살 때 리복과 4,000만 달러짜리 계약을 했고 동생 세레나는 퓨마와 1,200만 달러짜리 계약을 했죠. 이 많은 돈은 다 어디에서 나는 것일까요? 대부분 십대들의 주머니에서 나온 돈입니다.

자녀가 광고와 소비지상주의에 현혹되는 것을 막을 수 있는 가장 좋은 방법은 올바른 교육과 건강한 대안을 마련해주는 것입니다. 음식과 담배에 대해서는 더욱 그렇습니다. 다음과 같은 방법들을 이용해보기 바랍니다.

- 광고 뒤에 감춰진 기업들의 의도와 그들이 사용하는 비윤리적인 광고 수법들을 알려주자(TV에서 제품을 손쉽게 만드는 것을 보여주거나 시리얼 상자가 실제보다 더 크게 보이는 것 등).

- 브랜드 광고들이 아이들의 약점과 정서적인 욕구를 어떻게 이용하고 있는지 이야기해보자. 또 옷과 액세서리에 돈을 쓰는 것으로는 그런 욕구가 채워지지 않는다는 것을 충분히 이해시키자.

- 아이와 함께 불필요한 소비를 막을 수 있는 방법을 의논해보자. 예산 내에서 돈을 쓰게 하면 어떻게 우선순위를 정하고 어떤 선택을 해야 할지 배우는 데 도움이 될 것이다.

- 몸에 나쁜 음식을 먹고 담배를 피울 때 나타나는 해로운 영향에 대해 이야기를 나누자.

- 부모가 먼저 알맞은 영양을 섭취하고 건강하게 생활하는 모습을 보여주자. 부모는 그렇게 하지 않으면서 아이가 말을 들을 거라고 기대하는 것은 현실적이지 않다.

- 운동을 권하고 건강한 생활 습관을 갖게 하자. 아이와 함께 운동을 하고 건강한 여가 시간을 보내는 것도 바람직하다. 운동을 하는 아이들 또 건강한 몸과 마음을 목표로 하는 아이들은 정크 푸드 광고나 건강하지 못한 또래들의 영향에 쉽게 휩쓸리지 않는다.

비만도 불안의 원인이 됩니다 ___

나쁜 식습관과 운동 부족도 불안을 초래합니다. 주요 사망 원인으로 꼽히는 심장 질환이 어릴 때부터 시작된다는 증거들도 있습니다. 특히 눈에 띄는 것이 체중 문제인데 요즘 우리 주변에는 비만인 아동이 급속히 늘고 있습니다. 청소년들 사이에 제2형 당뇨가 급증함으로써 심장 질환과 고혈압, 신장 질환, 발작, 실명에 처할 위험도 함께 높아지고 있습니다. 최근 지방과 암의 관계에 대해 최대 규모로 진행된 연구를 보면(9만 명을 대상으로 16년 이상 실시됨) 거의 모든 암의 결정적인 원인은 과체중인 것으로 나타났습니다.

이런 위협은 몇 가지 이유로 아이들을 불안하게 만듭니다. 첫째, 체중이 많이 나가면 일단 외모적으로 좋은 평가를 받지 못해 사회적으로 위축될 수 있습니다. 둘째, 건강이 나빠지면 고통스러운 결과를 맞거나 죽을 수 있다는 점에서 아이들을 불안하게 만듭니다. 셋째, 충분한 영양과 운동은 불안감을 통제하는 데 꼭 필요한 것들입니다.

아이들의 건강이 위험해진 것은 TV시청이나 컴퓨터, 게임 등을 너무 많이 하는 탓이 큽니다. 이런 것들을 하느라 앉아 있는 시간이 서서 활동하는 시간보다 훨씬 많아지게 됩니다.

설상가상으로, TV에서는 설탕과 지방 함량이 높은 음식, 스낵, 패스트푸드 광고가 너무 자주 나옵니다. 이런 광고들은 젊은 연예인들을 등장시켜서 건강에 나쁜 음식을 먹고 마시도록 아이들을 부추깁니다. 이런 광고들이 아이들을 현혹하고, 앉아서 생활하는 시간이 길어지면

서 아이들은 비만과 관련된 질환에 걸릴 위험이 높아지고 있습니다.

하지만 아이들의 건강 문제를 광고 탓으로만 돌릴 수는 없습니다. 식단과 식습관을 결정하는 것은 가족과 개인의 책임이기도 합니다. 상점에서 구입한 식료품과 외식 메뉴도 이에 포함됩니다. 따라서 자기 자신과 가족의 잘못된 식습관, 운동 부족, 건강 문제에 책임감을 가지고 살펴봐야 합니다.

다음과 같은 방법들을 이용해 아이가 비만이 되지 않도록 노력해봅시다.

* • TV시청과 컴퓨터 사용 시간을 하루 중 일정 시간으로 제한하자.
  • 여러 가지 신체 활동과 운동을 하게 하자.
  • 패스트푸드 식당에 가는 횟수를 줄이자.
  • 영양이 풍부하고, 균형 잡히고, 지방과 칼로리가 낮은 식단을 준비하자.
  • 설탕과 지방 성분이 다량 함유된 간식을 줄이자.
  • 하루에 30분 이상 운동하자. 아이가 건강하게 생활할 수 있도록 부모가 먼저 노력하는 모습을 보이자.

전쟁과 테러는 어른도 불안하게 합니다 ___

근래에 벌어지는 테러와 전쟁의 위협은 어른들도 불안하게 하는 부분입니다. 뉴스와 언론을 통해 전쟁을 접하는 많은 아이들 역시 불안과 두려움을 느낍니다. 어린 아이들은 같은 사건이 TV에 계속 나올 때 그것이 한 가지 사건이라는 것을 깨닫지 못하고 계속해서 여러 번 발생하는 것으로 받아들입니다. 2001년 9월 11일 이후, 비행기가 세계 무역 센터에 충돌하는 장면을 여러 번 시청한 어린 아이들은 실제로 그 일이 몇 번이고 계속 일어나는 것으로 생각했습니다. 전쟁은 딱 한 장면이라도 아이에게 좋지 못한 영향을 미친다는 것을 명심해야 합니다.

9.11 사태 후 2주 동안 신경안정제인 자낙스(Xanax, 일반적인 명칭은 알프라졸람) 처방이 뉴욕에서만 22퍼센트, 미국 전체에서 9퍼센트나 급증했습니다. 2001년 미국 시민이 자낙스 등의 신경안정제에 쓴 돈은 7억 1,500만 달러에 달했고, 같은 해 우울증 치료제 구입비용 역시 5년 전에 비해 세 배나 늘었습니다.

제1장에서 언급한 대로 불안과 두려움은 구분해서 생각해야 합니다. 항불안제는 현재 명확한 위험이나 위협이 없는데도 자꾸 하게 되는 왜곡된 생각과 걱정을 치료하는 약입니다. 이런 약들은 불합리한 걱정에 사로잡히고, 마음의 여유를 갖지 못하고, 사소한 일에도 격하게 반응하는 등 일상생활에 방해가 되는 증상들을 줄여줍니다. 그러나 9.11 사태 이후 사람들이 느끼는 두려움을 비정상적인 반응으로 간주해서는 안 됩니다. 그런 두려움은 타당한 것이며, 현실에 근거한 당연한 우려입니다. 테러와 전쟁, 침체된 경제 상황, 실직 등을 걱정하는 것은 엄밀한 의미에서 정서장애로 분류되지 않습니다.

아이들은 테러의 위협에 특히 더 취약하며 분리불안 같은 아이들의 장애 증상은 오늘날 현저히 급증하고 있습니다. 부모와 떨어지면 뭔가

큰일이라도 날 것처럼 두려워하며 학교에 가지 않으려 하거나 잠까지 못 자는 아이들도 많습니다. 아이들은 불안해질 때 복통이나 다른 신체적 통증을 호소하는 경우가 어른보다 많고 자신의 상태를 말로 표현하는 능력이 부족합니다.

부모가 할 수 있는 일들 :

현 시대는 더 이상 확실한 안전을 보장받을 수 없지만 불필요한 걱정에 빠져 살 필요는 없습니다. 아이들에게 가장 솔직히 할 수 있는 말은 이렇습니다.

"너는 지금 안전하고 네가 중요하게 생각하는 것들에 집중해야 해. 하지만 상황은 앞으로 바뀔 수도 있어."

아이의 걱정과 불안을 줄여줄 수 있는 가장 중요한 방법 중 하나는 우리가 통제할 수 있는 것과 통제할 수 없는 것을 구분하는 것입니다. 나쁜 일이 일어날지도 모를 상황에 가장 현명하게 대처하는 방법은 우리가 통제할 수 있는 것에 집중하면서 불필요한 걱정을 내려놓는 것입니다. 테러의 경우 끊임없이 걱정하는 대신 위험을 인지하고 경계하는 태세를 갖추는 것이 중요합니다. 예측이 불가능한 상황과 불확실성은 불안과 깊은 관련이 있습니다. 불안감은 상황이 불분명하거나 결과를 예측하지 못할 때 가장 고조됩니다. 모호한 상황을 받아들이는 능력은 사람에 따라 다르며, 그 능력이 낮을수록 불안감은 높아집니다. 간단히 말해서 미지에 대한 두려움은 사람마다 다르며, 테러가 노리는 것이 바로 그런 미지의 상황입니다.

불안해하는 아이들과 청소년을 위해 할 수 있는 한 가지 방법은 어른이 먼저 자신의 불안감을 통제하는 것입니다. 부모와 교사를 비롯한 어른들은 자신을 믿고 안심하는 아이들에게 자신의 불안감이 전해지는 것을 막아야 합니다.

적당히 쉬면서 긴장을 풀고, 운동을 하고, 알맞은 영양을 섭취하고, 시간을 효율적으로 관리하고, 평범한 일상을 유지하고, 주변의 도움을 받고, 걱정 대신 긍정적이고 이성적인 생각을 하는 등 스트레스를 관리할 수 있는 여러 가지 방법들도 불안감을 통제하는 데 도움이 됩니다. 다시 말하지만 자신이 통제할 수 있는 것에 집중하세요. 시간을 어떻게 보낼지, 사람들과의 관계는 어떻게 유지할지, 아이들은 어떻게 보살필지 등 자신이 중시하는 핵심적인 가치에 따라 생활하는 것이 중요합니다.

앞에서 언급한 것처럼 두려움과 불안을 구분하는 것도 중요합니다. 또 다른 테러 공격 등 실제로 닥친 위험을 두려워하는 것은 정상이며 불안장애로 분류되지 않습니다. 위협을 경계하고 대비책을 마련하는 것은 테러가 현실이 된 요즘 세상에 바람직한 행동입니다. 하지만 우리가 통제할 수 없는 것을 걱정하고 그 때문에 일상생활이 방해받을 정도라면 불안장애라고 볼 수 있습니다.

전쟁과 테러를 걱정하는
아이를 도와주는 방법

사회의 충격적인 사건이나 테러, 위협 등으로 불안해하는 아이를 위해 다음의 방법들을 활용하자.

평소대로 생활하자 : 식사 시간, 잠자리에 드는 시간, 가족 행사 등 평소 하던 생활을 최대한 그대로 유지하자. 아이들은 자신의 일과와 앞으로 하게 될 일들을 예측할 수 있을 때 안심한다.

TV 시청을 제한하자 : TV 뉴스나 영화에 나오는 폭력적인 장면은 되도록 보여주지 말자. 열두 살 미만의 어린 아이들은 뉴스에서 본 것을 제대로 이해하지 못하는 경우가 많다. 아이와 함께 있을 때는 최신 뉴스를 보고 싶어도 참자.

의논을 자주 하자 : 아이가 스스로 말하지 않을 때는 조심스럽게 두려

움에 관한 주제를 꺼내자. 얘기할 준비가 안 된 것 같거나 관심이 없어 보이면 무리하게 하지 말자. 아이가 관심을 보이면 무슨 생각을 하고 어떤 기분이 드는지 물어보자. 아이들은 자신이 느끼는 두려움과 걱정들을 말로 하는 능력이 부족하다는 것을 잊지 말자. 아이가 그림으로 그리고 싶어 하면 미술 도구들을 준비해주자. 그림은 아이가 말하고 싶어 하는 것을 표현하게 하는 데 도움이 될 수 있다.

아이가 하는 질문에는 솔직하게 답하자 : 테러와 전쟁에 관해 물었을 때 다 괜찮은 척하지는 말자. 때로는 가장 간단한 질문이 가장 대답하기 어려울 수도 있다("전쟁은 왜 일어나요?", "사람들은 왜 자살을 해요?" 등). 당신의 정치적 의견이나 신념을 드러내지 말고 객관적인 태도를 유지하자. 열 살 미만의 아이들에게는 너무 많이 알려주는 것이 오히려 안 좋을 수도 있다. 세부적인 것까지 신경 쓰지 말자. "얼마나 많은 사람들이 죽었어요?" 같은 질문은 간단하게 대답하는 것이 좋다.

세계에서 일어나는 사건들을 교육의 기회로 활용하자 : 전쟁과 테러는 다양성에 대해 가르칠 기회가 될 수 있다. 서로 다른 종교적 신념과 영적 의식, 서로 다른 정부 체제, 서로 다른 문제 해결 방법 등의 주제들도 다룰 수 있다. 집집마다 종교가 다른 것처럼 이런 문제들에 대해서도 가족마다 생각이 다를 수 있다는 것을 분명히 하자. 어린 아이에게는 자라수록 자신의 신념과 의견이 만들어진다는 것을 알려주자.

불안을 포함한 여러 가지 감정을 가르치자 : 이 책에 나온 정보들로 불안감에 대해 말해주고, 스트레스나 위험과 어떤 연관이 있는지 알려주자. 자동차 사고 같은 충격적인 일을 겪었다면 슬퍼하고 불안해하는 것이 당연하다. 우리가 해야 할 일은 아이의 감정 상태를 파악해서 이해하고 잘 이겨낼 수 있도록 돕는 것이다.

아이의 행동을 관찰하자 : 악몽, 불면, 집착, 짜증, 행동 변화 등 스트레스가 심한 조짐을 보이지 않는지 잘 살피고 이런 증상이 지속되면 상담을 받자.

아이를 안심시켜주자 : "내가 널 안전하게 지켜줄게." 바로 이것이 아이에게 전달돼야 할 기본적인 메시지다. 아이 곁에는 부모 외에도 경찰이나 소방관, 응급실 의사, 군대 등 아이를 보호해줄 사람이 많다는 것을 알려주자. 아이가 어리다면 "천사가 지켜줄 거라고 믿는 사람들에겐 아무 것도 빼앗지 못해"처럼 '마법 같은 생각'을 활용하는 것도 괜찮다.

과잉보호는 하지 말자 : 진실을 감출 필요까지는 없다. 아이들도 전쟁 때문에 사람들이 죽고 테러가 일어나는 것을 알고 있다. 이런 상황에서 불안해하는 것은 정상인 경우가 많다. 아이를 지나치게 보호하는 극단적인 행동은 삼가는 것이 좋다.

긍정적인 행동을 하도록 격려하자 : 열 살 이상의 아이들, 특히 사춘기 아이들은 불안감이나 무기력함을 긍정적인 방법으로 표출시키는 것이 좋다. 봉사 활동 같은 것에 참여하면 힘을 얻는 데 도움이 된다.

여유를 갖게 하자 : 긴장을 푸는 것과 나이에 알맞은 오락 활동을 하는 것은 불안감을 극복할 수 있는 가장 효과적인 방법이다. 마이애미대학교의 터치 연구소(Touch Research Institute)는 허리케인 앤드루로 트라우마가 생긴 초등학생 60명에 대한 연구에서, 한 달 동안 1주일에 두 번씩 30분 동안 마사지를 받은 아이들은 스트레스와 불안의 신체 지표인 코티솔 호르몬 수치가 현저히 떨어졌다는 사실을 확인했다. 반면 마음을 편안하게 해주는 비디오를 시청한 아이들에게는 그런 변화가 나타나지 않았다.

아이와 더 많은 시간을 보내자 : 지금껏 소개한 방법들을 쓰려면 시간이 있어야 한다. 필요하다면 일정을 다시 조정해서라도 아이의 욕구를 해소해줄 시간을 만들자. 아이가 원할 때 곁에 있어주자.

제7장

학교에서의 불안

오늘날 학업에만 치중하는 교육이 이뤄지고 있는 학교는 아이에게 불안 요소가 될 수 있습니다. 선생님이나 친구들과의 관계 속에서도 불안은 생길 수 있습니다. 이 장에서는 우리의 학교들이 아이들의 욕구를 충족시키지 못해 불안감을 유발하는 여러 가지 이유들을 알아보겠습니다. 또 학교에서 느끼는 아이들의 불안감을 줄일 수 있는 방법들도 살펴보겠습니다.

학교가 어떻게 아이를 불안하게 할까요? ___

교육이 산업화돼 있는 대량생산식 교육은 많은 아이들의 다양한 욕구를 충족시키지 못하며 스트레스를 주고 불안하게 만듭니다.

우리의 학교들은 아이들이 보다 높은 학업 수준에 도달하도록 몰아붙이고 있으며 결과는 주로 시험 성적으로만 평가되고 있습니다. 교사들은 훌륭한 학생을 '양산'해야 한다는 부담감에 시달리고, 교육 행정가들은 그 양산 과정을 관리해야 한다는 부담감에 시달립니다.

데이비드 엘킨드(David Elkind)는 자신의 책《기다리는 부모가 큰 아이를 만든다(원제: The Hurried Child)》에서, 이런 교육을 학생과 교사를 '재촉'하는 '조립라인식 교육'이라고 언급했습니다. 늘어난 책임감과 부담스러운 서류 작업 때문에 교사들이 받는 스트레스는 점차 늘고 있습니다. 이렇게 책임이 늘어나자 학생들을 가르칠 시간이 줄고 있으며, 일부 학교에서는 시험에 대비한 교육만 하고 있는 실정입니다.

부모는 당연히 아이가 학교에서 잘하길 바라고, 많은 이들이 교육이야말로 좋은 기회를 잡을 수 있는 열쇠라고 생각합니다. 부모는 모두 아이가 좋은 대학에 들어가길 바랍니다.

이제 오늘날의 교육 방식과 학교 환경이 왜 아이에게 도움이 되지 못하고 불안하게 만드는지 살펴보도록 하겠습니다.

우리 아이와 학습 방식이 맞지 않아요 ___

오늘날 우리의 교육은 대부분 한 반의 학생 수가 많고, 학습 활동이 빠르게 진행되며, 시험을 치르는 시간이 정해져 있습니다. 하지만 불행하게도 학습과 정보 처리 방식이 이에 맞지 않는 아이들은 이런 교육 제도에 적응하기 힘듭니다. 학교는 불안감을 일으킬 위험이 매우 높은 곳 중 하나입니다. 아이마다 학습하고 생각하는 방식이 다르기 때문인데, 지금의 교육은 가만히 앉아서 주변의 방해 요인을 차단하고 집중할 수 있는 아이들 위주로 맞춰져 있습니다.

아는 것과 이해하는 것, 시험을 치는 기술에도 현저한 차이가 있습니다. 수업 내용을 알고 충분히 이해했어도 시험만 보면 아는 만큼 답을 쓰지 못하는 아이들도 있다는 뜻입니다. 이것은 시험을 치는 기술이 약하거나 시험에 대한 불안 때문일 수 있죠. 또 개념적 능력이 뛰어난 영리한 학생들 중에도 선다형 문제에는 약한 아이들이 있습니다. 다양한 답안에 대해 '너무 많이 생각'하기 때문입니다. 이렇게 기존의 제도를 따라가지 못하는 아이들은 불안해지기 쉽습니다.

읽기장애, 쓰기장애, 수학장애 같은 학습장애 때문에 학교생활을 힘들어하는 아이들도 있습니다. 지각장애나 언어장애가 있어도 학습이 힘들어집니다. 이런 장애가 있는데도 문제를 진단받고 해결하지 않으면 학교생활은 불안해질 수밖에 없습니다. 물론 진단을 받을 경우 좋지 못한 면도 있습니다. 학습 장애로 진단받은 아이는 그것이 꼬리표가 되어 원치 않는 관심을 받게 되거나 자존감에 상처를 입을 수 있습니다.

아이의 '다중 지능'을 살펴야 합니다 ___

하버드대학교의 발달심리학자인 하워드 가드너(Howard Gardner)는 '다중 지능 이론' 발표하면서 대부분의 학교들이 두 가지 능력, 즉 '언어' 능력과 '논리-수학' 능력에 대해서만 가르치고 시험을 보고 상을 주고 있다고 비판했습니다. 실제로 미국의 대학 입학 시험이라고 할 수 있는 SAT나 ACT 모두 이 두 가지 능력을 평가하고 있는 것이 사실입니다. 이 두 능력이 읽고 쓰고 셈하는 것의 기본이 되긴 하지만 이것은 지능을 비교적 좁은 범위에서 정의한 것입니다.

언어와 수리 능력이 뛰어난 아이들은 대체로 학교생활을 잘합니다. 하지만 이 분야의 능력이 부족한 아이들은 다른 영역의 지능이 높아도 학교 성적이 나쁜 경우가 많습니다. 다양한 영역의 지능을 인정하지 않거나 아동에 대한 '전인 교육'을 실시하지 못하는 교육 제도는 아이들을 불안하게 만듭니다.

다음은 다중 지능 모델의 주요 내용으로, 각 영역과 관련된 특징 및 기술을 포함해 일곱 개 지능으로 구분됩니다.

다중 지능 모델

언어 지능

청각이 매우 발달됨 | 읽고 쓰는 것을 좋아함 | 이름, 장소, 날짜, 사소한 것들을 기억하는 능력이 뛰어남 | 맞춤법에 강함 | 단어를 보고, 말하고, 쓸 때 학습이 가장 잘 이뤄짐 | 작문, 편집, 시나리오 작업, 사회 과학, 정

치, 가르치는 직업(인문학)에 관심이 있음

논리–수학 지능

개념적으로 사고함 | 컴퓨터, 화학, 전략과 추론 능력이 요구되는 게임 (체스 등)에 관심이 많음 | 과학, 엔지니어링, 컴퓨터 프로그래밍, 회계, 철학 관련 직업에 관심이 있음

공간 지능

이미지와 그림에 근거해 사고함 | 그리기, 디자인, 쌓기, 몽상, 발명하는 것을 좋아함 | 기계, 지도, 도해, 퍼즐에 강한 흥미를 보임 | 건축, 예술, 기계, 도시 계획, 엔지니어링 관련 직업에 관심이 있음

음악 지능

노래 부르기, 흥얼거림, 악기 연주, 음악 수집 및 듣는 것을 좋아함 | 음악을 들으며 공부하는 것을 즐김 | 비언어적인 소리들에 민감하고 다른 사람들이 놓친 소리를 잘 들음

신체운동 지능

신체 활동이 활발해서 과잉 활동으로 보일 수도 있음, 적당한 때에 욕구를 배출하지 않으면 몸을 가만 두지 못함 | 움직임을 통해 배우고, 신체적인 감각을 통해 배운 지식을 처리함 | '직감'에 자극을 받음 | 운동 능력이 뛰어나고 키보드 작업, 그림, 바느질, 물건 수리, 공예 등에 필요한 소근육 능력 등 여러 신체 기술을 갖고 있을 가능성이 큼 | 의사소통에 있

어서 바디랭귀지가 두드러지고 다른 사람의 제스처와 버릇, 행동을 잘 흉내 냄

대인관계 지능

타인을 이해하고 사회적인 상황을 파악하는 능력이 있음 | 리더십 자질이 있고 친구가 많고 사회지향적임 | 갈등을 중재하는 능력이 뛰어나고 사람들의 감정과 의도를 알아차리는 능력이 있음 | 사람들과의 관계와 협력 속에서 가장 잘 배움 | 카운슬링, 사업, 지역 단체 및 봉사와 관련된 직업에 관심이 있음

자기성찰 지능

개성이 강하면서 단체 활동을 피하고 혼자 하는 것을 선호함 | 여러 가지 감정을 깊이 이해함

가드너는 이외에 다른 지능도 있을 거라고 생각합니다. 삶과 사랑, 죽음의 의미에 관심을 두는 '실존적' 또는 '영적인' 지능, 그리고 자연 환경에 대한 이해가 깊은 '자연주의적'인 지능도 있을 수 있다고 여깁니다. 세부적인 내용에 상관없이, 다중 지능과 관련된 개념은 교육과 불안증에 중요한 영향을 미칩니다.

다중 지능 이론은 많은 교육 활동들이 아이 각자가 가진 장점 및 학습 방식과 잘 맞게 하는 데 도움이 될 수 있습니다. 실제로 이 개념을

도입해서 긍정적인 결과를 얻은 학교들도 있죠. 미술과 음악 교육을 실시한 학교의 학생들은 시험 점수와 SAT 점수가 높았고 졸업률도 더 높았습니다.

'감성 지능'이 좋은 아이는 불안이 적습니다 ___

세계적인 심리학자 대니얼 골먼(Daniel Goleman)은 '감성 지능(Emotional Intelligence)'의 중요성을 널리 알렸습니다. 그는 또래보다 공부를 못해도 사람을 다루는 능력이 뛰어나면 사회에서 성공할 수 있다고 주장합니다. 또 감성 지능은 미래의 성공을 가늠할 수 있는 중요한 예측 변수라고 합니다. 공부와 관련된 IQ와 상관없이, 아이와 감성적인 소통을 많이 하면 아이는 다른 사람들을 잘 이해하게 되어 잘 지낼 수 있고 그에 따라 미래도 밝아질 수 있으니까요.

감성 지능의 개념은 다중 지능 모델에서 대인관계 지능이나 자기성찰 지능과 겹치며 다음과 같은 특성이 있습니다.

🌼 감성 지능의 특성

- **자기 인식 능력** : 어떤 감정이 들 때 그 감정을 인지하는 능력

- **감정을 관리하는 능력** : 두려움, 불안, 분노, 슬픔 등의 감정을 적절히 다루는 방법을 알고 만족감을 지연시키는 능력

- **자기 동기 부여** : 목적을 위해 감정을 집중시키는 능력

- **공감 능력** : 타인의 감정과 관심을 세심하게 파악하고, 타인의 입장에서 생각하고, 사람마다 느끼는 것은 다를 수 있음을 이해하는 능력

- **대인관계 기술** : 사교 능력 및 타인의 감정에 대응하는 기술

감성 지능은 아이들이 갖고 있는 많은 불안 특성들을 약화시킵니다. 감성 지능이 높은 아이들은 사회적으로 덜 불안해하고, 거부당하는 것을 두려워하지 않으며, 비난을 받아도 크게 걱정하지 않습니다. 또 남에게 쉽게 이용당하지 않고 다른 사람의 비위를 맞추기 위해 자신의 뜻을 굽히지도 않습니다. 감성 지능이 높은 사람들은 직장생활도 잘합니다. 그들은 리더십이 뛰어나고, 변화를 수용하는 능력이 좋고, 팀별 실적에 기여하는 바가 큽니다.

성공하는 사람들은 '통합 성격'이 강합니다 ___

심리학자 줄스 시먼(Jules Seeman)은 '성과를 올리는 성격적 특성'의 본질을 연구했습니다. 그는 유능하고 성공한 사람들이 공통으로 가진 특성들을 알아내고자, 그에 관한 연구에 몰두했습니다.

시먼은 '통합 성격'이라는 개념을 발달시켰는데, 이것은 전인적인 성

격 모델로서 가드너의 다중 지능 이론과 양립할 수 있을 것입니다. 통합 성격은 생리 체계, 지각 체계, 정서-대인관계 이 세 하위 체계의 긴밀한 결합으로 정의할 수 있습니다. 통합적인 성격이 강한 사람은 이 세 영역에서 다음과 같은 긍정적인 특성을 보입니다.

통합 성격

생리 체계
감정 조절 능력이 뛰어남 | 신체 체계가 조화로움 | 피드백에 대한 신체 반응이 탁월함

지각 체계
지적 효율성과 생산성이 높음 | 긍정적인 자아 개념을 가짐 | 업무 처리 방식이 탄력적임

정서-대인관계
긍정적이고, 만족스럽고, 평등한 대인 관계를 맺음 | 감정을 솔직하게 표현함 | 외향적이고 인기가 좋음

시먼의 연구에는 아동에 관한 연구도 포함돼 있는데 연구 결과 아이들도 같은 특성을 보였습니다. 통합적인 성격을 가진 아이들은 다음과 같은 긍정적인 특성을 갖고 있습니다.

✿ ・자아존중감이 높다.

・부모와 일관성 있는 관계에 있다.

・또래들과의 관계에서 자신의 생각이나 감정 표현이 솔직하다.

・스스로 융통성 있게 행동할 수 있다.

・개인적인 숙련을 지향한다.

・정서적으로 안정돼 있다.

각 학교에서 이 개념을 잘 활용하면, 아이들의 전인 교육에 집중하고 인지 능력은 물론 정서, 행동, 사회적인 측면에서 아이들이 가진 능력까지 부각시킬 수 있습니다. 이렇게 하면 유능한 사회인이 될 기술을 갖추게 되기 때문에 아이들의 불안을 크게 줄일 수 있습니다.

아이가 학교에서 '사회적 스트레스'를 받아요 ___

사회적 스트레스는 학교에 다니는 아이들에게 또 다른 '직업병'을 유발합니다. 성별, 성격, 경제 수준, 인종, 민족성, 종교, 나이 등 학교에 수많은 다양성이 존재합니다. 이런 다양성의 사회에서 자신의 자리를 찾는 것만으로도 아이들은 불안감을 가질 수 있습니다. 학생들은 또래들의 복잡한 세계, 성과 관련된 문제, 자신이 받아들여지거나 거부당하는 것에 대한 걱정, 그 외 여러 관계 속에서 자신이 갈 길을 타협해야 합니다. 학교는 사회성 발달의 시험장입니다. 그래서 천성적으로 부

끄러움을 많이 타거나, 자신감이 부족하거나, 내성적이거나, 정신적 성숙이 느린 아이들에게는 잘 맞지 않을 수 있습니다.

많은 사회에서 옷을 잘 입고 유행에 맞게 하고 다녀야 사회적으로 인정해줍니다. 십대 중에는 단지 옷을 사 입기 위해 아르바이트를 하는 아이들도 있을 만큼 '멋진' 옷에 대한 스트레스를 받습니다. 남들 눈에 비친 자신을 의식하고 남들 기준에 맞추기 위해 살면서 사회적인 스트레스를 받는 것이죠.

불안증을 갖고 있는 성인 환자 중에는 어릴 때 사회적으로 특히 학교에서 충격적인 일을 겪었던 사람들이 많습니다. 한 성공한 대학교수는 사춘기 때 여드름이 많았다고 합니다. 그는 학교 운동선수로 활약했지만 피부 때문에 자주 놀림을 받았고, 코치에게 학교 샤워실을 쓰지 않았으면 좋겠다는 말까지 들으며 심한 모욕을 당한 적도 있었습니다. 이런 일을 겪은 그는 대인 기피증이 생길 만큼 불안증이 심각해졌고 결국 내게 찾아왔습니다.

작가로서 왕성한 작품 활동을 하던 그는 출판 기념회에 자주 초대받았지만 치료를 받기 전까지는 대부분 거절했다고 합니다. 그가 효과를 본 방법은 두 가지였습니다. 사람들 앞에서 말을 해야 할 때 긴장을 푸는 법을 배우고(무대에 서 있는 자기 모습을 그려보며 긴장을 푸는 것), 대중 앞에서 말하는 것을 다른 식으로 생각하게 하는 것(그 자리를 자신에게 익숙한 큰 강의실이라고 생각하는 것)이었습니다.

학교에서 따돌림과 괴롭힘이 심해요 ___

또래들에게 당하는 괴롭힘과 따돌림은 정신적으로 큰 상처가 되며 불안장애나 우울증, 공격성향 등 심각한 결과를 낳을 수 있습니다. 미국 내 학교에서 일어나는 총기 사건의 대부분은 집단 따돌림의 피해자들이 일으키는 것으로 나타났습니다.

집단 괴롭힘과 따돌림은 개인에게 장기적인 영향을 미칩니다. 이에 따라 미국 내 열다섯 개 주에서는 각 학교마다 '왕따' 행위를 금하는 정책이나 프로그램을 만들어 실천하고 있습니다. 그 예로, 콜로라도 주의 패터슨초등학교에서는 이웃한 컬럼바인고등학교 총기 난사 사건 이후 '또래 조정 프로그램'을 만들어 실행하기 시작했습니다. 이것은 갈등을 겪고 있는 당사자들 사이에서 또래 친구들이 함께 고민해 해결 방법을 찾는 프로그램입니다. 워싱턴 스포캔에 있는 세인트토머스모어학교에서는 어떤 아이가 다른 아이를 압박하거나, 험담하거나, 배척하는 행위를 했을 때 학생들이 '지원 요청서'를 작성해 신고할 수 있습니다.

청소년을 위한 비영리 단체 오퍼레이션 리스펙트(Operation Respect)의 '나를 비웃지 마세요' 캠페인, 남부 빈곤 법률 센터(Southern Poverty Law Center)의 '점심 같이 먹기' 운동, 반 명예훼손 연맹(Anti-Defamation League)의 '욕은 정말 상처가 돼요' 같은 프로그램들은 모두 집단 괴롭힘과 따돌림을 방지하기 위한 것들입니다. 또 괴롭힘 문제를 넘어서, 혼자 있는 아이가 친구들과 어울리게 해주고 자존감이나 스트레스, 화, 슬픔 같은 문제 해결에 도움이 될 단체를 연결해주는 프로그램들도 있습니다.

미국의학협회(American Medical Association)도 소아과 의사들이 왕따 행위와 피해자를 확인해서 적당한 전문가와 연결해줄 것을 권장하고 있습니다.

하지만 안타깝게도 최근의 이런 노력들은 아이들의 불안을 막는 데 충분한 역할을 하지 못하고 있으며, 지금도 많은 아이들이 주먹질, 학교 안팎에서의 흉기 사용, 신체적 괴롭힘 등 노골적인 폭력 행위에 노출돼 있습니다.

어려서부터 대학에 가야 한다는 부담이 심해요 ___

학생들은 어려서부터 대학에 대한 불안과 압박에 시달립니다. 그래서 내신 점수를 잘 받기 위해 스트레스를 받고, 입학시험에 대해 불안해하며, 각종 상을 받거나 특별 활동에서 성과를 내기 위해 노력합니다.

입학 신청 과정에도 많은 스트레스가 따릅니다. 자신과 대학이 잘 맞는지 따져보고, 학교에 직접 가봐야 하고, 에세이를 쓰고, 여러 가지 증빙 서류들을 제 때 제출해야 하고, 담임교사에게 추천서를 부탁해야 하고, 장학금도 신청해야 합니다. 간단히 말하면 대학 지원 과정은 수많은 결정과 요구 사항들이 얽혀 있는 미로와 같아서 실제로 많은 스트레스와 불안증을 유발합니다.

대학 입학 시험은 학생 개인뿐 아니라 학교와 나라 전체에서 학업의 성공을 판단하는 평가 기준으로 사용됩니다. 그러다 보니 일부 학교에서 높은 점수를 받고 대학 지원 경쟁에서의 적중률을 높이기 위해 '시험을 위한 교육'을 시키고 있는 것도 무리는 아닙니다.

이런 성적 위주의 교육 제도에서 가장 큰 부담을 느끼는 것은 당연히 아이들입니다. 아이들은 성적과 부모님의 인정, 대학 입학 경쟁, 성적에 따라 받는 장학금 때문에 힘들 거라는 것을 잘 압니다. 그리고 고등학교에 입학하면 바로 평점을 관리해야 한다는 것을 알게 되는데, 사실은 그보다 훨씬 전부터 준비를 시작해야 합니다. 오늘날 우리의 아이들은 유치원 때부터 앞으로의 사회적·경제적 지위를 위해 달려야 한다는 부담에 시달립니다.

이렇게 학교에서의 스트레스를 줄여주세요 ___

부모는 학교와 관련된 잠재적인 스트레스 요인들을 잘 알고 있어야 합니다. 이런 압박감에 대처할 수 있는 여러 방법들은 다음을 참고하기 바랍니다.

❀ • 아이가 학교에서 하는 활동에 적극적으로 참여하자. 학기 초에 자원봉사를 맡거나, 자신이 가진 기술과 지식을 이용해 1일 교사 같은 것을 하는 것도 좋다.

- 아이들이 중고등학교에 진학했다고 해서 부모가 할 수 있는 활동을 중단하지 말자. 아이들이 하는 발표회, 특별 활동 행사, 학교 공연 등에 열심히 참석하고, 자신도 참여할 수 있는 기회를 찾자. 집단 괴롭힘과 폭력으로 문제가 심각했던 한 고등학교에서는 아버지들이 시간을 내서 "아빠 경비대"라고 적힌 검정색 티셔츠를 입고 교대로 학교 복도를 순찰했다.

- 아이가 유치원에 다닌다면 1주일에 한 번은 아이와 같이 유치원에 가자. 수업이 시작하기 전에 선생님을 만나서 아이가 평소 어떻게 지내고 어떤 활동에 참여하고 있는지 대화를 나누자. 새로 들어온 아이들이 있다면 날을 정해 집으로 초대해서 함께 놀게 해주자. 선생님이나 친구를 처음 만날 때와 같이 아이가 불안을 느낄 수 있는 상황도 연습하자.

- 학년에 상관없이, 담임교사가 바뀌거나 전학을 가야할 때는 미리 학교에 찾아가 준비하자. 주기적으로 담임교사와 연락을 취하자.

- 아이의 숙제에 대해서는, 시간을 관리하는 요령을 알려주고 우선순위를 정하는 것을 도와주자. 특별 활동에 있어서는 부모의 기대치를 합리적인 수준에서 정하자. 그러면 아이가 받는 스트레스와 불안을 크게 줄일 수 있다.

- 저학년은 학습의 기초를 닦는 시기임을 명심하자. 급히 몰아칠 필요도 없고 기한이 정해진 것도 아니니 성적에 대한 부담은 어떤 것이든 주지 말자. 학교생활을 즐겁게 하는 것에만 관심을 두자.

- 가능하면 중고등학교 때부터 아이가 관심 있어 하는 대학들을 알아놓자. 가족 휴가를 활용해 그 학교들에 한 번씩 가보는 것도 좋은 방법이다.

제8장

각종 미디어에 영향을 받는 불안

다양한 대중 매체도 아이들의 불안감을 높입니다. 아이들은 TV나 영화를 보고, 음악을 듣고, 게임을 하고, 인터넷 서핑을 하면서 보내는 시간이 많습니다.

그래서 이런 것들과 불안 사이의 관계를 이해하는 것은 매우 중요합니다. 이런 매체들이 불안에 미치는 영향을 잘 아는 부모들은 아이들이 이런 것에 노출되는 시간을 적당히 제한해서 해로운 영향을 줄이기 위해 노력합니다.

이 장에는 미디어의 부정적인 영향에서 아이를 보호할 수 있는 여러 가지 방법들을 소개하고 있습니다.

TV와 영화가 불안을 일으킨다고요?

요즘은 수백여 개나 되는 TV 채널을 통해 스포츠, 뉴스, 영화, 교육, 종교, 음악, 다양한 오락 방송 등 여러 가지 프로들을 24시간 내내 즐길 수 있습니다.

요즘 아이들이 자는 시간 빼고 가장 긴 시간을 보내는 것이 바로 TV 시청입니다. 이렇게 TV를 많이 보는 것은 어떤 영향이 있는지 특히 불안과의 관계를 중점으로 살펴보겠습니다.

TV와 뇌 :

TV는 빠르게 움직이는 시각적 이미지가 지나치게 많아 뇌에 매우 자극적인 매체입니다. 실제로 TV에서 움직이는 이미지의 속도는 너무 빨라서 뇌의 처리 속도가 따라가지 못할 때가 많습니다. 이렇게 되면 뇌에 과부하가 걸려 정신 기능이 저하될 수 있죠. 그런데 정작 TV를 보는 사람들은 이것을 긴장이 풀리는 것으로 착각하고 TV 시청을 휴식 활동이라고 생각합니다.

또 TV는 뇌의 '놀람' 반응을 활성화시킵니다. 이것 역시 투쟁 도주 반응을 일으키는 생존 체계의 한 부분입니다. 놀람 반응이 자주 일어나면 우리의 뇌는 전두엽 대신 기저핵을 중점적으로 발달시킵니다. 그래서 TV를 지나치게 많이 보면 추론, 계산, 분석, 창의적인 사고, 감정 조절 같은 수준 높은 지적 기능이 손상될 수 있습니다.

TV를 너무 많이 보는 어린 아이들은 뇌 발달에 문제가 생길 수도 있습니다. 7세 미만의 아동들이 TV를 많이 보면 시각적인 사고와 상상력이 제대로 발달되지 않는다는 증거도 있습니다. TV는 완벽하게 만들어진 이미지에 소리까지 더해서 나오기 때문에, 청각적 자극에 따라 시각적 이미지를 형성하는 뇌의 기능을 방해합니다. 이런 뇌 기능이 제 때 발달되지 않으면 아이들은 시각적 자료를 통해 문제를 해결하는 능력과 읽기 등의 학습 능력에 문제가 생길 수도 있습니다. 다른 사람들의 마음을 읽는 능력 역시 손상될 수 있죠. 이런 문제들 때문에 TV를 많이 보면 아이들의 기능은 떨어지고 불안감은 늘어납니다.

TV에서 접하는 폭력 ：

불안과 관련해서 가장 논란이 되는 부분은 바로 TV 프로그램의 내용, 특히 폭력적인 장면들입니다. 아이들은 TV에 나오는 폭력 장면을 수없이 많이 봅니다. 연기와 실제를 구분하는 능력이 발달하기도 전에 그런 폭력적인 장면을 보게 되는 경우도 많습니다. TV는 아이들의 충동적인 성향과 감정을 자극합니다. 그래서 아이들은 자신의 행동이 어떤 것인지 모르거나 통제하지 못한 채 TV에서 본 것을 그대로 따라할 수 있습니다.

많은 연구에서 TV에 나오는 폭력적인 장면이 아이들의 난폭한 행동으로 이어지며 사회에서 일어나는 범죄나 폭력 행위와도 관계가 깊다는 점을 지적합니다. 폭력적인 TV 장면은 아이들을 공격적으로 만들고, 공격적 성향이 있는 아이들은 폭력적인 장면을 더 많이 보면서 자신의 행동을 정당화하는 악순환도 일어납니다.

TV와 아이의 불안 :

TV의 폭력 장면과 아이가 느끼는 불안은 어떤 관계가 있을까요? 미국 심리학협회는 다음과 같은 세 가지 영향을 경고하고 있습니다.

✿ TV 폭력 장면의 3가지 영향

- 다른 사람들의 고통과 괴로움을 배려하는 태도가 부족하다.
- 자신을 둘러싼 세상을 두려워하게 된다.
- 다른 사람들에게 공격적으로 행동할 가능성이 크다.

TV를 주기적으로 보면 세상을 적대적이고 위험한 곳으로 인식하게 된다는 연구 결과가 있습니다. 펜실베이니아대학교 커뮤니케이션학부에서 진행된 연구에서는, TV 방송을 오랫동안 주기적으로 시청한 사람들은 쉽게 상처를 받고, 주변에 대한 의존도가 높고, 불안해하고, 두려움을 갖게 될 수 있다는 결과를 발표했습니다. TV를 지나치게 많이 보고 자란 아이들은(하루에 6시간) 자신을 보호하고자 하는 욕구가 강하며, 어른이 되면 총과 경비견, 도난 경보기, 잠금장치 등을 구입하는 것으로 나타났습니다. 이들은 같은 지역에 살고 라이프스타일도 비슷하지만 TV를 그리 많이 보지 않는 사람들(하루에 3시간 정도)에 비해 자신의 안전에 대한 걱정과 불안감이 더 컸습니다. 또한 나라 전체의 범죄율도 지나치게 높게 생각했습니다.

이런 연구들을 보면 중독이라고 할 만큼 TV를 많이 보는 사람들은 세상을 실제보다 훨씬 위험하게 받아들이며, 이런 위험으로부터 자신을 지키기 위해 미리 예방 조치를 취해야 한다고 생각하는 것입니다.

　이런 위험들이 아니더라도, 아이들은 단지 충분히 성숙하지 못했기 때문에 TV에서 본 것들을 이해하지 못할 때가 많습니다. 아이들은 매년 평균 2만 여건의 광고를 보지만, 연구 결과를 보면 TV 프로그램과 광고를 구분하지 못하는 것으로 나타납니다. 광고회사들은 아이들을 겨냥한 TV 광고에 매년 수십억 달러를 쓰고 있으며, 그 결과 아이들은 집안을 대표하는 소비자가 되고 있습니다. 다양한 광고 기법을 알지 못하고 고지 사항을 이해하지도 못하는 어린 아이들은 대부분 TV 광고 내용을 진짜라고 생각합니다.

　TV에서 중계되는 스포츠도 폭력을 조장할 수 있습니다. 프로레슬링이나 이종격투기는 매우 난폭한 스포츠입니다. 또한 미식축구에도 폭력성이 있습니다. 미식축구는 원래 여러 가지 기술과 전략을 활용해서 공을 반대편 골라인까지 가져가는 게임이지만 상대를 쓰러뜨리기 위해 공격적인 태클이 주로 사용됩니다. 부상당한 선수가 경기상 밖으로 실려 나가는 경우도 비일비재하죠.

　이처럼 정서적으로 심각한 영향을 미치는 자극적인 TV 방송과 다른 매체로부터 자신을 지키는 방법 중 하나는 '탈감각화(desensitization)'라고 하는 방어 기제를 작동시키는 것입니다. 탈감각화는 불안을 비롯한 다른 불쾌한 감정에 반응하지 않음으로써 자신을 보호하는 기제입니다. 이런 방어 기제가 없다면 우리는 마치 피부가 없는 것처럼 더 큰 자극에 그대로 노출될 수 있죠. 각종 매체에서 내보내는 자극적인 내용들을 처리하는 과정에서, 아이들은 정서적으로 무디게 반응함으로써 그런 내용들이 미치는 영향을 선택적으로 차단하는 법을 배웁니다. TV 프로그램이 점점 폭력적이고 자극적으로 바뀌는 것은 우리 사회가 TV 때문에 정서적으로 둔감해져서 웬만한 자극이 아니면 체감하지 못하게 된 탓도 있습니다.

영화 :

지금까지 TV에 대해 언급한 모든 내용은 영화에도 그대로 적용됩니다. 영화 역시 지나치게 자극적이고 폭력적이라는 점에서 TV와 같은 영향을 미칠 수 있습니다. 많은 액션 영화들이 폭력적이며 뇌의 불안 반응을 자극합니다.

TV에 나오는 영화 광고들도 상당히 흥미롭습니다. 그런 광고들은 대개 영화의 하이라이트 부분으로, 가장 극적이고 난폭한 장면들로 구성돼 있습니다. 아이들은 TV 시청 지침에 따라 무해한 방송을 보고 있다가도, 이렇게 폭력적인 영화 광고를 접하게 될 수 있습니다.

불안을 키우는 음악도 있습니다 ___

음악은 많은 이들에게 사랑을 받으며, 사회적으로 여러 가지 긍정적인 효과를 가지고 있습니다. 음악은 사람들에게 희망을 주고, 치유하고, 즐겁게 만드는 등 많은 작용을 합니다.

어린 팬들은 많은 유명 뮤지션들과 영화배우, 스포츠 스타, TV 출연자들을 우상으로 생각하며 그들의 개인적인 삶까지 동경합니다. 팬들의 추앙을 받는 스타들은 근사하게 살면서 부와 명예를 누리는 것 같지만, 약물과 알코올, 폭행, 성차별적인 행위, 음주운전 등 성공의 이면에서 저지르는 나쁜 짓들로 문제가 되는 경우가 많습니다.

록 음악은 특히 젊은 층에게 인기가 많습니다. 하지만 안타깝게도 음악 역시 아이들에게 부정적인 영향을 미치고 불안감까지 조성할 수 있습니다. 유명 뮤지션들의 삶은 특히 약물과 알코올 문제 때문에 바람직한 역할 모델이 되기에는 부적절합니다. 지미 헨드릭스, 찰리 파커, 짐 모리슨(도어스), 커트 코베인(너바나) 등 많은 뮤지션들이 약물이 원인이 되어 사망했습니다.

현재 록음악이 전하는 메시지들에는 폭력적이고 무례한 내용들이 너무도 많습니다. 반사회적인 음악은 놀라울 만큼 인기가 많으며 음악과 사회의 상호적인 관계를 잘 보여줍니다. 이런 음악은 폭력이 난무하고 도덕적으로 타락해가는 우리 사회의 모습을 반영할 뿐 아니라 폭력과 약물 남용, 허무주의를 자극해 부추깁니다. 외부의 영향에 쉽게 휘둘리는 젊은이들이 이런 메시지를 지속적으로 접하고 있다는 것은 문제라 할 수 있습니다.

아이들은 게임을 통해 폭력을 배웁니다 ___

게임은 중독이 문제가 될 만큼 아이들이 매우 좋아하는 오락거리입니다. 그런데 아이들이 하는 많은 게임들이 폭력과 잔인성을 담고 있어 불안을 유발할 수 있다는 점이 무척 안타깝습니다. 게임을 통해 싸움과 전투의 기술을 익히고, 실제로 폭력을 행사하는 일이 다반사로 일어나고 있습니다.

폭력은 불안감과 관련이 깊습니다. 학교 폭력이 일어나면 폭력을 당한 학생, 학생의 부모와 가족, 크게 봤을 때는 지역 사회 전체가 피해자이며 모두가 불안감을 느끼게 됩니다. 그리고 폭력의 가해자들조차 집단 괴롭힘과 또 다른 폭력의 피해자일 수 있습니다. 세간의 주목을 받았던 교내 총기 난사 사건의 범인들은 실제로 폭력적인 사회에 보복하기 위해 총을 쐈다고 했습니다.

뿐만 아니라 폭력적이고 잔인한 자극에 노출된 아이들은 자신의 공격성을 제어하지 못할까 봐 불안해할 수 있습니다. 아이들은 사람을 죽이는 장면, 심지어 아주 흥미진진하고 쾌감까지 느껴질 것 같은 장면들을 계속 보지만 정작 자신의 분노를 통제할 방법은 배우지 못했기 때문입니다. 다시 말해서, 아이들과 십대 청소년들은 자신에게 내재돼 있는 화와 공격성, 그리고 자신이 폭력을 사용할지 모른다는 가능성과 관련된 불안장애를 가질 수 있습니다. 때문에 강박장애를 갖고 있는 아이들은 자신의 폭력성을 억제하기 위해 충동적인 행동을 저지르는 경우가 많습니다.

통제되지 않는 인터넷은 위험합니다 ___

요즘 아이들은 인터넷을 아주 잘 압니다. 컴퓨터 사용법도 잘 알고 있으며 검색과 의사소통, 게임을 위해서도 인터넷을 활용합니다. 아이들은 인터넷으로 도박과 음란 채팅방, 포르노물, 폭력, 폭탄, 약물 제조법, 인종 차별적인 말들, 그리고 민감하고 부적절한 여러 정보들을 접하게 됩니다. 인터넷 판매업체들은 익명이 보장되고 소비자들에 대한 접근이 용이하다는 점을 이용해 성과 관련된 물건들과 사진, 서비스를 제공하고 있습니다. 일부 인터넷 사업체들은 인터넷 이용자의 컴퓨터에 쿠키를 보내거나 무료 선물을 주거나 대회를 열어서 아이들의 개인 정보를 취하기도 합니다.

아무 생각 없이 이런 사이트에 들어가면 위험해질 수 있습니다. 온라인상에서 사귄 '친구'는 실제와 전혀 다를 수 있고, 개인적인 만남에 응하는 것도 큰 문제가 되는 경우가 많기 때문입니다. 아이들은 계속 오는 메시지와 게시판 내용 때문에 불안해하고 위협까지 느낍니다.

미디어의 영향을
줄이는 방법

부모는 각종 매체의 영향에 따른 아이의 불안감에 많은 도움을 줄 수 있다. TV의 경우 아이가 볼 수 있는 프로그램을 미리 선정하고 제한하는 설정을 하자. 또 아이들에게 TV를 긍정적으로 이용할 수 있는 법을 알려주면 부정적인 영향을 막고 그것을 활용하게 할 수 있다. 문제는 방송 중간에 나오는 광고의 유혹과 또래 친구들의 영향이다. 다음은 미국 소아과협회(AAP)의 보증을 받은 방법들이다.

TV의 영향을 줄이기 위해 :

- 제한을 두자. 아이가 TV를 얼마나 많이 보는지 확인한 뒤, 주저하지 말고 그 시간을 줄이자. 미국 소아과협회는 사춘기 이전의 아이일 경우 하루에 한두 시간으로 제한할 것을 권한다. 이것은

사춘기 이전의 아이에게 권장하는 내용이지만, TV 보는 것을 제한하는 것은 모든 나이대의 아이들에게 다 중요하다.

- 집에서 TV의 영향을 최소로 줄이자. 식사 시간에는 TV를 꺼놓자. 가족 간의 대화를 최우선시하고, 거실에 놓여 있는 TV에는 관심을 끄자. TV를 벽장 안에 넣고 문을 닫아놓으면 아이들이 덜 보고 싶어 한다. 가족들의 방에 따로 TV를 놓는 것도 좋지 않다. 그렇게 하면 가족들이 각자의 방에 있는 시간이 많아져서 소통할 시간이 줄게 된다.

- TV 대신 다른 것을 활용하자. 좋은 프로그램을 녹화해서 보거나 영화를 빌려보자. 가까운 서점이나 도서관에 가면 아이들에게 추천할 만한 영화와 프로그램 목록을 찾을 수 있을 것이다. 아이가 보는 특정 채널이 마음에 들지 않으면 지역 케이블 방송사에 문의해서 그 채널을 차단할 수 있는 방법을 알아보자.

- 가족들이 볼 프로그램을 미리 정해 놓자. 또 각 프로그램에 매겨진 등급으로 가족들이 봐도 적절한지 확인하자. 정해 놓은 프로그램을 볼 때만 TV를 켜고 방송이 끝나면 TV를 끈 다음 내용에 대해 이야기하는 시간을 갖자.

- TV로 상이나 벌을 줘서는 안 된다. 그렇게 하면 아이들이 TV를 더 중요하게 생각할 수 있다.

- 아이와 같이 보면서 TV에 나오는 내용을 잘 이해하도록 도와주자. TV를 활용해서 여러 가지 어려운 문제들(성, 사랑, 일, 행동, 가족들의 생활)에 대한 부모의 생각을 알려주자. 아이가 혼란스러워

할 만한 상황들은 잘 풀어서 설명해주는 것이 중요하다. 아이가 TV에서 본 것을 통해 더 많은 것을 배우고 질문을 갖도록 가르치자.

- 대안을 제공하자. 아이들의 TV 시청 시간은 부모에게 책임이 있다. 소풍이나 여러 가지 게임, 스포츠, 취미활동, 독서, 집안일 등 아이들이 실내외에서 할 수 있는 것들을 찾아보자. 운동은 아이에게 매우 중요하다. 며칠에 한 번씩 저녁 시간을 정해 놓고 가족들이 함께 할 수 있는 것들을 하자. TV는 야외 활동이나 운동을 한 다음에 볼 수 있다는 규칙을 정해놓는 것도 좋다.
- 광고의 영향을 줄이자. 간식, 사탕, 장난감 등에 대한 TV 광고를 아이가 지나칠 수 있을 거라는 기대는 하지 말자. 건강한 식습관을 갖게 하고, 구매 욕구를 자극하는 광고 전략을 알려줘 현명한 소비자가 되게 하자.
- 아이에게 말한 것들을 먼저 실천하자. 부모가 모범을 보이지 않으면서 아이 혼자 알아서 잘 할 거라고 생각해서는 안 된다. 한가로운 시간이 생기면 독서, 운동, 대화, 요리 등 TV를 보는 대신 다른 일을 하는 모습을 보여주자.

게임, 음악, 영화 내용을 관리하기 위해:

- 등급을 확인해서 아이의 나이와 발달 정도에 적절한 것을 고르자.
- 아이가 보는 것들을 같이 보자. 그래야 아이가 어떤 걸 하는지 알고 올바른 선택을 하도록 지도할 수 있다.

- 음악을 다운로드하다 보면 아이들도 깨닫지 못한 상태에서 윤리에 어긋나거나 저작권을 침해하는 일을 저지를 수 있다. 이런 문제들에 대해 미리 이야기를 나누자. 다운받은 음악 역시 가족이 정한 원칙에 따라 내용이 적절해야 한다는 것을 분명히 하자.
- 아이가 좋아하는 분야가 부모도 개인적으로 관심 있는 것이라면 직접적인 경험을 통해 훌륭한 가이드가 되어줄 수 있다.

부적절한 인터넷 내용으로부터 아이를 보호하기 위해:

- 인터넷으로 어떤 것들을 하는지 알아보고, 적절하지 못한 내용에 대해서는 접근을 차단할 수 있는 방법을 알아보자. 대부분의 온라인 서비스들은 접근을 규제할 수 있는 장치가 마련돼 있다. 이런 장치를 이용해서 아이가 성인용 사이트나 바람직하지 못한 내용에 노출되는 것을 막고 채팅방에서 오가는 대화도 확인하자. 방문한 사이트를 확인해주는 소프트웨어도 구입해서 활용하자.
- 아이가 지켜야 할 규칙을 정하자. 인터넷에서는 절대 개인적인 정보(이름, 주소, 전화번호, 학교 등)를 유출하지 않도록 하고, 개인 정보가 필요할 때는 부모와 아이가 모두 알고 믿을 수 있는 대상에게만 이메일로 보내게 하자. 인터넷에서 알게 된 사람을 부모에게 알리지 않고 개인적으로 만나는 일은 절대 없어야 하며, 아이도 이에 동의하게 하자. 외설적이거나 호전적이거나 위협적인 내용 또 아이를 불편하게 하는 글에는 절대 응답하지 않겠다는

것도 약속하게 하자. 혹시라도 그런 내용을 접하게 되었다면 바로 부모에게 알리도록 해야 한다. 인터넷에 접속하는 비밀번호는 가장 친한 친구들에게도 알려줘서는 안 된다. 필요하다면 아이와의 합의를 거쳐 이런 규칙들을 글로 작성해놓는 것도 고려해보자.

- 아이가 인터넷을 하는 동안 곁에 같이 있자. 매달 인터넷 사용 내역과 시간을 확인하자. 사용 시간이 너무 많은 것은 문제가 있거나 인터넷을 적절치 못하게 쓰고 있음을 뜻하는 것일 수도 있다.

부모로서 아무리 최선을 다해도, 세상에는 아이들을 불안하게 만드는 위협적인 요소들과 스트레스가 너무도 많고 우리의 손길이 미치지 못하는 것들도 많다. 그러므로 이 책의 목표는 두 가지다. 하나는 아이의 상태가 전문가의 도움을 받으면 좋아질 수 있는지 판단하도록 돕는 것이고, 또 하나는 아이에게 필요한 심리 치료와 약물, 그 밖의 다양한 방법들에 대해 알려주는 것이다. 제3부에서는 아이에게 적합한 전문가를 찾는 적당한 시점과 방법 등 불안증 치료에 관한 여러 가지 정보들을 담았다.

전문적인 치료법을 정할 때는 아이의 나이가 매우 중요하게 작용한다. 불안장애에 대한 여러 가지 치료법과 특정 연령대에 적용할 수 있는 개입방법들도 알려줄 것이다.

• 제3부 •

아이의 불안,
어떻게 없애줄까

제9장

불안해하는 아이들을 위한 심리 치료

이 장에서는 불안해하는 아이들에게 도움이 될 만한 여러 형태의 심리 상담과 다양한 정신 건강 전문가들에 대해 살펴보겠습니다. 이 장은 특히 언제 치료를 시작하고, 치료사를 어떻게 선택하며, 심리 치료를 통해 어떤 것들을 기대할 수 있는지 알아보도록 하겠습니다.

심리 치료는 어떨 때 받아야 할까요? ___

부모와 교사, 의사, 그 외 관련 어른들은 불안해하는 아이를 언제 전문가에게 데리고 가야 할지 잘 판단해야 합니다. 그 시기를 결정하는 기준은 무엇일까요? 제1부를 잘 읽어보면, 아이가 일반적인 수준을 넘어 장애가 될 만큼 심한 불안을 겪고 있는지 확인할 수 있습니다. 불안이 너무 심해서 일상생활을 할 수 없을 정도라면 전문가의 조언을 구하는 것이 바람직합니다. 다음은 전문가의 도움이 필요할 만한 상황들이므로 참고하기 바랍니다.

* • 몸 여기저기가 아프다는 말을 자주 한다.

  • 친구들과 어울리지 못하고 혼자 지낸다.

  • 잠을 잘 못 자는 기간이 꽤 된다.

  • 학교 가는 것, 사람들과 어울리는 것을 싫어하고 전화 통화도 꺼린다.

  • 자주 운다.

  • 편히 쉬지 못하고 신경이 늘 날카롭다.

  • 식욕이 없거나 잘 먹지 못한다.

  • 과식을 하거나 몸무게가 늘고 있다.

  • 성적이 자꾸 떨어진다.

  • 공격적인 행동, 가출, 반항적인 행동 등 문제 행동을 한다.

전문가는 어떻게 선택해야 할까요? ___

불안증이 있는 아이를 치료하고 관련 서비스를 제공할 수 있는 정신건강 전문가들은 다양합니다. 이들은 교육 받은 내용과 중점을 두고일하는 분야에 따라 심리학자, 임상 심리 상담사, 결혼 및 가족 문제

치료사, 임상 사회복지사, 정신과 의사, 학교 상담 교사 등으로 분류됩니다. 전문가를 찾다 보면 어떤 기준으로 선택하고 판단해야 할지 혼란스러울 때가 많습니다. 일반 환자들을 치료해주는 심리학자들은 대부분 임상 심리학과 관련이 있거나 개인 상담실을 운영하고 있는 심리학자들입니다.

이외에 다른 전문가들에게도 도움을 청할 수 있습니다. 학교에서는 상담교사와 사회복지사, 간호사, 행동 전문가, 또 선생님까지 불안해하는 아이를 도울 수 있습니다. 불안은 매우 흔히 나타나는 문제이기 때문에, 정신 건강 상담사들은 대부분 다뤄 본 경험이 있습니다.

적절한 치료를 해줄 전문가를 찾기 시작했다면 평소 가는 소아과 의사나 학교 관계자와 상담을 하고 주변 사람들에게 물어볼 것을 권합니다. 전문가와 통화를 하거나 직접 만나서 아이에게 맞을지 알아보는 것을 부담스러워하지 마세요. 실력 있는 전문가를 찾을 때는 이런 과정을 거치고 충분히 생각한 다음 결정해야 합니다. 다음은 전문가들에게 미리 물어봐야 할 몇 가지 질문들입니다.

❀ • 상담을 한 지는 얼마나 되었는가?

 • 어떤 나이대의 아이들을 치료했는가?

 • 전체 환자 중 불안장애가 있는 아이들은 몇 퍼센트나 되는가?

 • 불안장애 치료의 성공률을 보여주는 자료가 있는가?

 • 불안 치료에 대해 전문적인 교육을 받았거나 관련 자격증이 있는가?

 • 아이의 불안증을 치료하기 위해 어떤 방법을 쓸 생각인가?

- 불안증을 극복하는 데 걸리는 기간은 평균 얼마나 되는가?
- 불안증 환자들에게 약물은 얼마나 자주 처방하는가?
- 약물은 환자가 어떤 상태일 때 처방하는가?

불안을 어떤 방식으로 진단하나요? ___

대다수의 전문가들은 자신이 직접 만든 평가지로 아이의 불안증을 진단하고 싶어 합니다. 진단 과정은 보통 부모와의 면담을 통해 아이가 불안증을 갖게 된 내력과 기본 정보를 파악한 다음 아이를 한두 번 더 만나보는 것으로 이뤄집니다. 아이의 불안장애를 확인할 수 있는 평가 도구와 심리 테스트들은 많습니다. 아동 불안 척도 개정판(Revised Children's Manifest Anxiety Scale)도 그 중 하나죠. 이 도구는 아동에게 질문지를 작성하게 한 다음 심리학자가 점수를 매겨 불안 정도를 확인하는 방식입니다. 또 다른 평가지인 아동 분리 검사(Children's Separation Inventory)는 부모와 떨어져 지내는 아이들을 대상으로 하는 우수한 선별 검사지입니다. 이 검사를 하면 부모가 화해하기를 아이들이 얼마나 바라고 있으며 자신을 얼마나 탓하고 있는지 또 친구들이 부모의 이혼을 알게 될까 봐 얼마나 걱정하고 있는지, 모두 알아볼 수 있습니다.

아헨바흐 아동 행동 평가 척도(Achenbach Child Behavior Checklist)는 부모와 교사들이 작성하는 행동 평가지로 매우 폭넓게 활용되고 있습니다. 이 도구는 버몬트의 한 심리학자가 개발한 것으로 많은 주에서 사용하고 있으며 아이들의 불안, 관심 문제, 학교 성적, 사회적 고립, 신체 증상 호소 등과 관련된 것들을 파악할 수 있습니다.

　주제 통각 검사(Thematic Apperception Test)와 문장 완성 검사(Sentence Completion Test) 같은 투사적 검사는 아이에게 이야기나 문장을 끝맺게 해서 어떤 걱정을 하고 어떤 기분을 느끼고 있는지 알아보는 검사입니다. 아동용 웩슬러 지능 검사(Wechsler Intelligence Scale for Children)는 열두 가지의 인지 능력을 평가하는 도구로서, 이 능력들 중에는 불안감에 영향을 받는 것들도 있습니다.

실제로 어떻게 치료하나요? ＿＿

아이들의 불안장애는 대부분 몇 달 만에 치료되지만 학대로 인한 경우는 좀 더 오래 걸릴 수 있습니다.

　아동의 불안을 효과적으로 치료하려면 여러 과정이 함께 진행돼야 합니다. 아이가 사람에 대한 신뢰감을 갖게 하려면 정서적인 유대관계를 말하는 '라포(rapport)'를 긍정적으로 형성하는 것이 매우 중요합니다. 또 불안장애가 어떤 것인지 충분히 이해할 수 있도록 잘 가르쳐주는 것도 필요합니다. 불안감을 통제하고 극복할 수 있으려면 이완훈련도 받아야 합니다. 성공적인 치료를 위해서는 아이가 갖고 있는 태도와 생각을 확인해서 바람직한 방향으로 조정해주고, 불안해질 때 자기 자신과 하는 대화를 어떻게 바꿔야 하는지 가르쳐주면서 인지 상태를 변화시키는 과정도 필요합니다. 아이가 받는 스트레스를 줄이고 불안을 완화하려면 부모와 가족이 도와야 합니다. 끝으로, 불안해질 수 있는 상황을 계속 피하거나 불필요한 습관을 갖고 있는 아이에게는 행동 훈련과 둔감화 훈련이 필요할 수 있습니다.

대화 치료 :

전통적인 대화치료는 프로이트가 개발했으며, 원인을 알면 증상을 해결할 수 있다는 생각(프로이트 식의 대화 치료를 심리 분석이라고 함)을 바탕으로 합니다. 대화 치료에서는 불안을 일으키는 무의식적인 원인이 있을 거라는 가정 하에, 환자와 치료사가 합심해서 불안장애의 근본적인 원인과 역학을 밝히기 위해 노력합니다.

아이들은 책임을 피하기 위해 어떤 증상을 과장하거나 불안 증상을 통해 자신의 감정 및 욕구를 분출하기도 합니다. 이처럼 불안은 무의식적인 문제들과 관련된 경우가 많습니다.

아이에게 불안 증상이 생긴 이유와 그 증상이 특정 아이에게 미치는 영향을 이해하게 되면 상담에 많은 도움이 됩니다. 하지만 이해하는 것만으로 불안감이 줄거나 행동이 바뀌지는 않습니다. 알다시피 습관의 힘은 이성으로 설명하기 힘들 만큼 강력하기 때문이죠. 걱정, 회피, 긴장된 근육 같은 불안 증상들은 오랜 시간에 걸쳐 배우고 강화된 습관들입니다. 불안해하는 습관을 고치려면 다른 행동들을 연습해서 새로운 습관을 만들어야 합니다.

가장 흔한 불안 증상 중 하나인 근육의 긴장감을 예로 들겠습니다. 여러 차례 얘기한 대로, 스트레스가 심하거나 충격적인 환경에서 자라는 아이들은 만성적인 긴장감을 갖게 되어 늘 주변을 경계합니다. 자동으로 일어나는 각성 수준 자체가 기본적으로 높죠. 자율 신경계는 우리도 모르는 사이에 심장 박동 수나 호르몬 분비 같은 신체 체계를 지배합니다. 전통적인 대화 치료법은 이런 반응을 이해하고 인지하는 것에 초점을 두지만, 그것만으로는 증상을 바꿀 수 없습니다. 만성적인 긴장 속에 사는 사람들은 마음을 편히 갖는 법을 익히고 연습해서 습관처럼 만들어야 합니다. 걱정하고, 회피하고, 자신을 제대로 표현하지 못하는 증상들도 같은 원리로 해결할 수 있습니다.

한편 불안을 줄일 수 있는 새로운 기술이 아이에게 효과를 발휘하려면 충분한 설명을 통해 개념적인 바탕이 갖춰져 있어야 합니다. 자신이 왜 불안해하는지 알지 못하는 아이에게 기술만 가르치는 것은 아무 효과가 없습니다. 또 그런 통찰 없이는 불안장애의 원인이 되는 스트레스를 줄이지 못합니다.

인지행동치료(CBT) :

인지행동치료는 불안장애를 치료하는 데 가장 효과적인 방법입니다. 1970년대에 아론 벡(Aaron Beck), 데이비드 번즈(David Burns), 그 외 여러 학자들은 불안 등의 정서장애는 주로 충격적인 사건을 겪은 뒤 갖게 된 사고방식 때문에 생긴다는 것을 깨닫고 이와 같은 접근법을 개발했습니다. 인지행동치료의 목표는 불안을 유발하고 강화하는 사고방식과 행동 패턴을 바꾸는 것입니다. 이 치료의 성공률은 거의 80 퍼센트에 달한다는 연구 결과도 있습니다.

아동에게 쓸 수 있는 인지행동치료 프로그램들은 우수한 것들이 많습니다. 이 치료법들은 단독으로 쓸 수도 있지만, 일반적으로는 전문적인 치료를 받으면서 부가적으로 이용하는 것이 더 좋습니다. 그래야 포괄적인 도움을 받을 수 있고 장기적인 결과도 얻을 수 있습니다.

'생활기술(LifeSkills) 프로그램'은 불안 치료를 위해 개발된 인지행동치료 프로그램 중 하나입니다. 이 프로그램은 12회 차로 이뤄져 있으며, 전문 치료사나 학교 상담교사 또는 부모의 지도를 받을 수도 있습니다. 오디오와 워크북으로 체계적인 학습이 진행되며 집에서도 연습할 수 있습니다.

'셀프헬프(self-help) 프로그램'은 상담 치료와 병행할 수 있고, 치료사와 만나는 것을 불편해하는 아이라면 단독으로 쓸 수도 있습니다. 스트레스, 몸과 마음의 연관성, 편한 마음 갖기, 분노 조절, 자기 생각 표현, 자기와의 대화, 모험 감수, 자아 존중감 등과 관련된 여러 기술들을 연마하는 것이 주요 내용입니다. 이런 지식과 기술들은 아이들이 불안과 스트레스를 이겨내는 데 꼭 필요한 것들입니다. 부모, 치료사, 학교 관계자 등 이 프로그램에 관심이 있다면 CHAANGE 홈페이지를 참고하기 바랍니다. 이곳에서는 성인용과 아동용 불안 셀프헬프 프로그램에 대해 자세한 내용을 볼 수 있고, 요청만 하면 많은 정보를 무료로 얻을 수 있습니다.

'코핑 캣(Coping Cat)'은 아이들에게 쓸 수 있는 인지행동치료 프로그램입니다. 템플대학교의 필립 켄들(Philip Kendall)이 개발했으며, 치료사들이 불안해하는 아이들을 치료할 때 자주 쓰는 방법입니다. 생활 기술 프로그램처럼 16회차로 진행되며 숙제 문제를 비롯해 마음을 편히 갖는 법, 신체 자각, 정서 교육, 자기와의 대화법 바꾸기, 불안을 유발하는 환경에서 벗어나는 법 등이 소개돼 있습니다.

심리 치료는 효과적인가요? ___

불안에 대한 심리 치료는 성공할 가능성이 높지만 그 결과는 세 가지 요인에 따라 경우별로 다양하게 나타납니다.

❀ **의욕** : 치료의 성공 가능성은 상담자가 강한 의욕을 갖고 치료사의 지시를 충실히 따르는 경우에 가장 높다. 환자들은 불안증이 심할 때는 치료에 강한 의욕을 보이다가 증상이 어느 정도 완화되면 시들해지는 경향이 있다. 기분이 좀 나아지면 새로운 기술과 행동을 연습하려는 의지가 약해지기 때문이다.

또 다른 스트레스 : 치료 중 다른 스트레스를 받게 되면 치료에 필요한 에너지가 줄고 성공률도 낮아진다. 가정 내에 여러 가지 문제들이 많아서 불안정한 아이들은 학교생활에 집중하지 못하는 것처럼 치료에도 잘 집중하지 못한다.

만성화 정도 : 어른이든 아이든 불안장애를 가진 기간이 길수록 일정한 행동 패턴이나 습관이 굳어져 바뀌는 데 시간과 노력이 많이 든다. 이 말은 치료 기간이 길어질 수 있고 회복 후에도 재발할 확률이 높다는 뜻이다. 하지만 상태가 심한 것과는 다르다. 만성적인 걱정이나 강박장애, 외상후스트레스장애(PTSD)를 오래 전부터 갖고 있는 아이보다는 심장이 마구 두근대는 공황발작을 한두 달 정도 겪은 아이가 훨씬 빨리 치료될 수 있다.

불안 치료를 받는 상담자들은 하루하루가 지날수록 자신의 상태가 꾸준히 호전되기를 바랍니다. 그런데 치료를 받다보면 급격한 진전이 있기도 하지만 예전으로 퇴보할 때도 있어서 한결같은 성과를 기대하기는 어렵습니다. 악기를 배우거나 운동 기술을 익힐 때를 생각하면 이해하기 쉽습니다. 진도가 잘 나갈 때도 있지만 중간에 정체되거나 퇴보한 것 같을 때도 있지 않은가요? 아이들을 배움의 과정에 대해 잘 이해시키는 것이 중요합니다. 그래야 생각대로 되지 않는다고 해서 좌절하거나 낙담하는 것을 막을 수 있습니다. 뭔가를 배울 때는 거의 다 그렇습니다. 치료 과정도 마찬가지죠.

심리 치료에는 필요한 단계가 있습니다 ___

이제 심리 치료의 여러 단계를 살펴보겠습니다. 치료는 각자의 욕구를 충족하고 개인의 특성에 맞게 탄력적으로 진행돼야 하지만 공통으로 적용되는 요소들도 많습니다. 첫 단계는 평가로 시작됩니다.

평가 :

불안의 유형을 파악하고 적절한 행동 계획을 세우려면 우선 아이의 상태부터 파악해야 합니다. 평가 결과와 치료 계획을 아이에게도 알려주면 치료에 많은 도움이 됩니다. 자신의 불안을 이해하고, 극복을 위해 어떤 단계를 거치게 될지 알면 아이들은 훨씬 의욕적으로 치료에 임하게 됩니다. 아이가 치료에 적극적으로 동참하면서 치료사와 협력적인 관계를 맺는 것은 매우 중요합니다. 이렇게 되려면 평가 내용과 치료 계획을 아이와 공유하는 것이 좋습니다.

안심시키기 :

치료의 초기 단계 중 하나는 치료사가 아이들의 불안을 많이 다뤄봐서 잘 안다는 것을 보여줌으로써 아이를 안심시키는 것입니다. 자신처럼 불안해하는 아이들이 많고, 치료를 받으면 기분이 나아질 것임을 알게 되면 불안을 줄이고 낙관적인 생각을 갖게 되는 데 큰 도움이 됩니다. 높은 치료 성공률을 문서 등의 자료로 보여주는 것도 아이를 안심시킬 수 있는 방법이죠. 새로운 것을 익히려는 아이의 의지가 치료에서 중요합니다.

교육 :

치료사는 환자가 왜 불안감을 갖게 되었고, 어떻게 해야 통제할 수 있는지 파악한 뒤 환자에게도 알려줘야 합니다. 교육은 전달하는 방식(치료사가 알게 된 것을 아이에게 설명해주는 것)과 탐구하는 방식(치료사와 아이가 함께 알아가는 것)으로 할 수 있습니다.

이 단계를 서로를 알아가는 과정으로 활용할 수 있습니다. 몇 가지 질문을 통해 아이에 대해 파악하고 치료법을 결정합니다. 예를 들어 강박장애가 있는 아이라면 이런 식으로 묻습니다.

"네 방의 모든 것들을 깔끔하게 정리하고 나면 어떤 기분이 들지?"

그러면 아이는 이렇게 대답합니다.

"기분이 좀 좋아져요. 마음도 조금 편안해지는 것 같고요."

그런 다음에는 왜 강박적인 행동을 하게 되는지 알려주고(불안한 기분을 억누르고 좀 더 편해지기 위해), 마음을 편히 가질 수 있는 새로운 방법을 배우는 것이 어떤 면에서 좋은지 설명해줍니다.

마찬가지로, 분리불안 증상이 있는 아이에게는 이렇게 묻습니다.

"부모님이 곁에 있으면 어떤 기분이 들고, 떨어져 있으면 어떤 기분이 들지?"

그러면 아이는 부모와 같이 있으면 기분이 좋아지고(마음이 편해짐) 떨어져 있으면 나빠진다고(불안) 합니다. 치료사들은 이 단계에서 마음을 편히 갖는 훈련, 감정 조절, 탈감각화 훈련 등 치료의 여러 단계가 왜 중요한지 아이에게 가르쳐줄 수 있습니다.

마음을 편히 갖는 연습 :

불안 치료 중 가장 중요한 부분 중 하나는 마음을 편히 갖는 법을 가르치는 것입니다. 불안한 마음과 편한 마음은 공존할 수 없으며, 마음을 편히 갖게 되면 불안감이 사라질 것이라고 아이에게 알려줍니다. 하지만 중요성을 알게 되었다고 해서 곧바로 마음이 편해지는 것은 아닙니다. 긴장을 푸는 것에 숙달되려면 새 기술을 익히고 연습하는 과정이 필요하죠. 다음 단계에 따라 마음을 편히 갖는 연습이 필요합니다.

❀ 마음을 편하게 만드는 단계

- 조용히 있을 수 있는 곳을 찾는다.
- 편안한 자세를 취한다.
- 호흡을 편하게 가다듬는다.
- 한 가지에 몰두한다.

마음을 편히 갖는 법을 배우면 스트레스를 받아도 편한 마음을 유지할 수 있습니다. 마음을 편히 갖는 기술이 습관처럼 익숙해지면 불안을 일으키는 여러 상황들에 적절히 대처할 수 있게 됩니다.

운동, 호흡법, 요가, 명상, 음악 감상 등도 마음을 편히 갖는 데 효과적입니다. 모두 목표는 몸과 마음을 스스로 제어하는 기술을 익히는 것이죠. 마음이 편안해지면 걱정, 신경과민, 신체적인 불편함(복통, 메스꺼움, 빨라진 심장 박동) 같은 불안 증상들은 모두 가라앉습니다.

아이가 마음을 편히 갖는 것을 힘들어하거나 이런 치료법에 적응하지 못하면, 전문가들은 집에서 보상해주는 방법을 쓰거나 부모와 아이 사이에 행동 계약을 맺을 것을 권합니다. 대부분의 경우 문제는 마음

을 편히 갖는 시간을 중시하지 않거나, 노력해도 잘 되지 않아 실망하기 때문에 생깁니다.

흥미로운 것은 몸이 편안해지면 심리적인 불안 증상(걱정)이 줄어들고, 마음이 편안해지면 신체적인 불안 증상(복통 등)이 없어진다는 사실입니다. 이것을 보면 몸과 마음이 상호적인 관계에 있음을 잘 알 수 있습니다. 몸과 마음의 관계를 알게 되면 각 사례에 맞는 치료법을 찾을 가능성도 훨씬 높아집니다.

스트레스 관리 :

스트레스는 불안장애를 유발하는 세 가지 주요 원인 중 하나이며, 스트레스가 심할 때 나타나는 증상과 불안 증상은 겹치는 것들이 많습니다. 따라서 아이들의 불안을 치료할 때는 스트레스를 관리하는 기술을 반드시 알려줘야 합니다. 스트레스는 '3S 단계'로 해결할 수 있습니다.

우선 스트레스 관리는 '초기 신호(signals)'를 감지하는 것으로 시작됩니다. 그래야 건강에 문제가 생기거나 불안장애로 확대되는 것을 막을 수 있습니다. 스트레스의 초기 신호에는 다음과 같은 것들이 있습니다.

✿ 스트레스 초기 신호

- 잠을 잘 못 잔다.
- 손이 차갑고 축축하다.
- 안절부절못한다.

- 짜증을 자주 내고 기분 변화가 심하다.

- 걱정이 많다.

- 근육이 긴장된다.

- 피로하거나 기운이 없다.

- 복통이나 메스꺼움 같은 위장 문제가 생긴다.

- 말을 더듬는다.

- 머리가 아프다.

- 심장 박동이 빨라진다.

- 이를 간다.

- 부정적인 태도를 갖게 된다.

- 숨을 쉬기가 힘들다.

- 우울해진다.

스트레스 관리의 두 번째 단계는 '원인(sources)'을 찾는 것입니다. 아이들은 많은 상황에서 스트레스를 받습니다. 이에 대해서는 표 1 아이들의 스트레스 요인을 참고하면 됩니다. 또 이 책 제2부에는 스트레스와 불안을 유발할 수 있는 잠재적인 원인들이 자세히 설명돼 있습니다.

세 번째 단계는 상황에 맞는 '해결책(solutions)'을 찾아서 실천하는 것입니다. 다음은 스트레스 해소에 도움이 되는 몇 가지 방법입니다.

✿ 스트레스 해소법

- 몸 상태에 신경을 쓴다(잠을 충분히 자는 등).

- 식습관을 개선하고 영양을 고루 섭취한다.

- 시간 관리를 잘한다.

- 믿을 수 있는 사람과 터놓고 대화를 나눈다.

- 운동을 한다.

- 실현 가능한 합리적인 목표를 정한다.

- 주기적으로 마음을 편히 갖는 연습을 한다.

- 취미 생활을 하거나 놀 시간을 만든다.

- 자기 생각을 표현하는 법 등 여러 가지 의사소통 기술을 익힌다.

인지 변화 ⋮

생각하는 것에도 습관이 있습니다. 따라서 불안을 유발하는 사고 습관을 바꾸는 것이 중요합니다.

불안증을 갖고 있는 아이들은 대개 다음과 같은 습관들을 갖고 있습니다.

✿ 불안한 아이들의 생각 습관

- 걱정이 잦다.

- 뭘 '해야 한다'고 생각하는 것들이 많다.

- '모 아니면 도' 식으로 생각한다.

치료사는 아이들이 갖고 있는 특정한 습관에 주목하고, 새롭게 생각하는 방식을 집에서 연습하게 합니다. 불안을 일으키는 생각을 대신할 수 있는 것들은 제3장에 설명돼 있습니다.

개인적인 특성 :

불안증이 있는 아이들은 스트레스와 불안을 유발하는 여러 가지 특성들을 갖고 있습니다. 제3장에서 언급한 것처럼, 그런 아이들은 완벽을 추구하며, 기대치를 터무니없이 높게 정하고, 비난이나 거부당하는 것에 몹시 민감하게 반응합니다. 또 자기 생각을 좀처럼 드러내지 못하며, 자신을 굽히면서까지 남을 기쁘게 하려는 특성이 있습니다. 이런 특성들은 스트레스와 불안의 가장 큰 원인이므로 이런 부분부터 바로잡아야 치료에 성공할 수 있습니다.

치료사들은 아이가 갖고 있는 주요 특성을 파악한 뒤 새로운 행동을 연습하게 함으로써 바꿀 수 있게 돕습니다. 그런 특성들이 고쳐지면 다른 문제도 해결될 수 있습니다. 아이들이 갖고 있는 불안 특성과 그에 대한 해결 방법은 제3장을 참고하세요.

정서적인 의사소통 :

불안해하는 아이들은 자신이 느끼는 감정을 파악하고 표현하는 기술이 부족합니다. 이것은 감정을 억누르며 살아야 했거나, 가족 중 누군가가 감정을 통제하지 못하는 모습을 보며 자랐기 때문일 가능성이 큽니다. 실제로 부모가 폭력을 휘두르거나 격분하는 모습을 본 아이는 부모가 또 싸우고 화를 낼까 봐 걱정하게 되고 그런 상황을 피하는 법을 체득하게 됩니다.

치료에서는 아이들에게 감정을 표현하는 언어, 즉 여러 가지 감정을 말로 표현할 수 있는 단어들을 가르칩니다. 치료사는 아이들에게 자신이 느끼고 있는 감정을 말하게 하고 그에 대해 길게 이야기할 수 있는 분위기를 마련해줍니다.

아이들에게 감정과 행동이 어떻게 다른지 설명해주면 좋습니다. 어떤 감정이 드는 것은 자연스럽고 정상적이지만, 그 기분을 표현하는 방식은 옳지 않을 수 있다는 것도 알려줘야 합니다. 예를 들어, 누가 나에게 무례하게 행동하면 화가 나는 것이 당연하지만, 화가 난다고 상대방을 때리는 것은 용납될 수 없는 행동입니다. 이 점을 설명한 다음 화를 표출할 수 있는 적절하고 효과적인 방법을 아이들에게 가르쳐줘야 합니다.

자기 생각을 표현하는 것 역시 불안해하는 아이들이 꼭 배워야 할 기술입니다. 자신의 감정과 욕구를 표현하는 법을 알고 있으면 불안한 마음이 가라앉고 사람들을 대할 때 자신감을 갖게 됩니다. 다음과 같은 자기주장 기술 4단계를 통하면 이 기술을 가르칠 수 있습니다.

❀ 자기주장 기술

1. **공감하기** : 상대방의 감정을 이해하는 모습을 보인다.

2. **감정 표현하기** : '나는…'으로 시작하는 문장을 통해 자신의 감정이나 욕

구를 표현한다.

3. **해결책 제시하기** : 자신이 원하는 것을 구체적으로 말한다.

4. **합의하기** : 대화를 적절하게 끝내거나 해결법을 찾을 수 있는 계획을 같이 세운다.

한 가지 중요한 개념이 더 있습니다. 감정은 보통 발생, 최고조, 진정이 세 단계를 따른다는 것입니다. 감정은 최고조에 달하면 점차 사그라집니다. 감정이 자신을 통과해 빠져나가게 하는 법을 아이들에게 알려줘야 합니다. 마음을 편히 갖거나 안 좋은 기분에서 벗어나는 법을 배우면 감정을 받아들이는 게 조금은 수월해집니다. 나쁜 기분이 들 것 같은 조짐은 일찌감치 파악하는 것이 중요합니다. 그래야 점점 고조되기 전에 다른 쪽으로 방향을 틀 수 있기 때문입니다.

놀이 치료 :
놀이 치료는 언어를 통한 의사소통 능력이 부족한 어린 아이들에게 주로 쓰는 방법이지만, 감정 표현에 필요한 어휘력을 갖추지 못한 아이들과 청소년들에게도 쓸 수 있습니다. 아이들은 미술 활동이나 게임 등 여러 가지 활동을 하면서 자신의 생각과 감정을 드러냅니다. 치료사들은 아이들이 노는 모습을 보면서 모험을 감수하는 정도, 이기거나 졌을 때의 반응, 협동심과 경쟁심, 자존감, 권위적인 대상에 대해 느끼

는 불안 등 여러 가지 특성과 행동 패턴을 파악합니다.

놀이 치료는 아이들이 갖고 있는 다양한 문제들을 해결할 수 있고 불안 치료에도 큰 도움이 됩니다. 제5장에 소개된 나타샤는 열 살로 부모가 별거 중이었습니다. 나타샤는 상담실에 있는 인형의 집을 갖고 놀면서 자신이 겪은 일에 대한 생각과 감정을 드러냈습니다. 아이는 자기 때문에 아빠가 집을 나갔다는 죄책감을 갖고 있었죠. 따라서 아이의 잘못된 생각을 바로잡고 불안한 마음이 가라앉도록 도와줬습니다.

관계 :

상담 치료는 치유의 과정으로, 그 과정에서 상담자와 치료사 사이에 특별한 관계가 형성되기도 합니다. 치료사는 상담자와 소통함과 동시에 그 소통이 원하는 목표를 이루는 방향으로 나아가도록 이끌어줘야 합니다. 상담자의 인간관계 개선이 목표인 경우, 아이들은 덜 불안해하면서 사람들과 어울리는 법을 배우거나, 권위 있는 어른에게 자신의 생각과 느낌을 적절히 표현하는 법을 배우도록 합니다.

아이들은 상담사와의 관계를 통해 그동안의 정서적인 경험들을 바로잡을 수도 있습니다. 인내심을 보여주고, 상대방을 이해하고, 바람직한 조언을 해주고, 정서적으로 안전한 분위기를 마련해주고, 긍정적인 강화를 해주는 치료사를 보며 아이들은 어른을 신뢰할 수 있게 됩니다.

탈감각화 :

탈감각화(desensitization)란 불안한 상황을 회피하려는 아이들에게 쓸 수 있는 기법입니다. 이 방법을 익히면, 불안해질 수 있는 상황이 서서히 편안해지면서 긍정적인 경험을 하게 될 수 있고, 불안할 때 나왔던 반응들이 사라질 수도 있습니다.

이 과정은 어떤 상황이 표현돼 있는 그림들을 보며 마음을 편히 갖는 연습을 하고, 그 상황을 떠올렸을 때 완전히 편안해질 때까지 계속 연습하는 식으로 진행됩니다. 그런 다음에는 현실에서의 탈감각화 과정이 이어집니다. 아이들은 실제 상황을 겪으며 천천히, 조금씩 받아들이게 됩니다. 탈감각화에 성공하려면 마음을 편히 갖는 기술이 바탕이 되어야 합니다.

탈감각화 과정이 어떤 것이고 왜 도움이 되는지 어린이 환자들에게 미리 설명해주면 좋습니다. 또 계획을 세우는 것을 도와달라고 부탁하기도 하며 치료 중에는 잘 진행되고 있는지, 수정할 것들은 없는지 함께 의논하기도 하면 더 좋고요. 예를 들어 분리불안의 경우, 나는 아이가 잠들기 전에 부모와 함께 있는 시간을 조금씩 줄여가라고 조언합니다. 탈감각화는 서서히 접근해야 효과를 볼 수 있는 거의 모든 문제들에 사용될 수 있습니다.

가족 치료 :

아이의 불안을 치료할 때 가족 치료를 권하는 경우들이 있습니다. 아이와 가족은 서로에게 영향을 미치기 때문입니다. 가족이 아이를 불안하게 만들기도 하고, 아이의 불안감이 가족들에게 영향을 미치기도 합니다. 앞서 제5장에서 언급한 것처럼, 가족끼리 서로를 대하는 방식과 또 다른 사람들이나 세상을 대하는 방식은 아이의 불안을 유발하는 가장 큰 요인이 될 수 있습니다. 따라서 아이의 치료를 위해서는 가족 내의 역학 관계부터 바로잡아야 하는 경우가 많습니다. 가족 치료가 필요한 경우는 대개 다음과 같습니다.

✽ 가족 치료가 필요한 경우

- 가족 중 아이 외에도 심각한 불안 증상을 갖고 있는 사람이 있을 때
- 아이의 불안 치료에 방해가 되는 가족이 있을 때
- 가족 중 약물이나 알코올 중독자가 있을 때
- 부모가 별거 중이거나 이혼을 했을 때
- 부모가 자녀들을 편애할 때
- 아이가 불안감을 극복하는 것이 가족 중 누군가에게 위협이 되어 보일 때

부모는 가족들이 받는 스트레스를 줄이기 위해 부부 상담을 받아야 할 때도 있고, 부모 교육을 통해 필요한 지식과 기술을 익혀야 하는 경우도 있습니다. 이런 노력들은 아이의 불안을 치료하고 미래의 불안을 막는 데 큰 도움이 됩니다.

식습관과 영양 :
아동을 위한 불안 치료 프로그램과 전문가들은 건강한 식단과 고른 영

양 섭취를 권장합니다. 불안증이 있는 아이들은 뇌의 변연계가 민감한 경우가 많기 때문입니다. 신경질적이고, 불안해하고, 예민한 아이들은 매우 민감해서 아드레날린 수치가 높습니다. 그래서 음식물로 인한 추가 자극은 줄이는 것이 바람직합니다.

식습관을 개선할 때 가장 중요한 것 중 하나는 카페인이 들어 있지 않은 음식을 선택하는 것입니다. 탄산음료, 커피, 차 종류, 초콜릿, 초콜릿 우유 등 아이들과 청소년들이 즐겨 찾는 음식 중에는 카페인이 들어 있는 것들이 많습니다. 이런 음식들은 매주 한 가지씩 줄여나가면서 결국 완전히 끊게 하는 것이 좋습니다. 불안해하는 아이들은 카페인만 끊어도 조금 덜 예민해질 수 있습니다.

불안증이 있다면 설탕이 들어간 음식과 사탕도 줄이거나 먹지 않아야 합니다. 이런 것들은 혈당 수치를 급변하게 해서 불안 증상을 유발하는 것은 물론 기분 변화도 심하게 만듭니다. 설탕이 들어간 음식을 장기간 섭취하면 혈당 조절을 관장하는 기관(특히 췌장)이 약해질 수 있습니다. 혈당이 잘 조절되지 않으면 예민해지고, 무기력해지며, 두통이 생깁니다. 또 집중하는 것이 어렵고 시력이 나빠지는 등 여러 증상들이 나타날 수 있죠.

음식에 들어 있는 인공 감미료, 보존제, 착색제 같은 화학 첨가물들은 안 그래도 민감한 아이들을 과하게 자극할 수 있습니다. 특히 붉은 색을 내는 착색제는 더욱 나쁜 영향을 미치는 것으로 알려져 있습니다. 특정 음식이나 첨가물이 아이의 행동이나 기분에 영향을 미치는 것 같다면 그런 성분은 최대한 피해야 합니다. 조금씩 체계적으로 줄여나가면서 아이의 상태가 어떻게 바뀌는지 지켜보세요. 주의할 점은, 한 번에 한 가지씩 끊어야 어떤 음식 때문에 변화가 생겼는지 확실히 알 수 있습니다. 알레르기 반응을 일으키는 것으로 의심되는 식품들도 이런 식으로 줄여가야 어떤 것 때문인지 확인할 수 있습니다. 요점은, 아이를 자극할 수 있는 음식과 식품 첨가물들에 관심을 갖고 더욱 주의 깊게 살피자는 뜻입니다.

수분을 충분히 섭취하는 것도 중요합니다. 아이들은 습관처럼 물을 많이 마셔야 하는데 가장 좋은 방법은 주변에 늘 물을 놔두고 수시로 마시게 하는 것이죠. 책가방에 물병을 넣고 다니게 하는 것도 좋습니다.

건강하게 먹는 습관을 들이려면 부모와 형제들도 도와야 합니다. 건강한 식생활은 누구에게나 좋습니다. 자신을 도와주고 좋은 본보기가 되어주는 가족이 있으면 불안해하는 아이들에게 큰 힘이 될 것입니다.

★　★　★

지금까지 우리는 아동의 불안 치료에 도움이 되는 기본적인 방법들을 살펴보고, 인지행동치료가 불안을 극복하는 데 얼마나 중요한 역할을 하는지도 알아봤습니다. 다음 장에서는 불안 치료에 사용하는 약과 불안을 줄여줄 수 있는 대체 요법에 대해 알아보겠습니다.

튼튼한 마음을 만드는
건강한 식생활

마음이 건강하면 신체적인 질병도 낫기 쉽습니다. 마찬가지로 몸이 건강하면 마음의 질병도 낫기 수월해집니다. 다음은 건강한 식생활의 지침이 되어줄 몇 가지 원칙들입니다.

규칙적으로 먹는다 : 우리의 몸은 자는 것뿐 아니라 먹는 것도 일정한 리듬을 갖는다. 배고픔, 대사, 배설은 규칙적인 주기로 이뤄지는 것이 가장 바람직하다.

조금씩 자주 먹는다 : 하루에 식사를 네 번에서 여섯 번 정도로 나눠 하면 혈당 수치와 기분이 일정하게 유지될 가능성이 크다.

신선한 물을 충분히 마신다 : 우리 몸의 화학 작용, 순환, 대사, 근육과 관절의 기능이 원활해지기 위해서는 물을 많이 마셔야 한다. 물은 우리 몸에 꼭 필요하며, 충분히 마셔야 수분 부족에 따른 불쾌한 증상들을 피할 수 있다.

배고픔의 정도를 확인한다 : 마음을 편히 갖고 배가 고픈 정도에 따라 언제, 어떤 음식을, 어떻게 먹을지 결정하자. 배고픔의 정도를 1부터 10까지 정해놓고 식사 전과 후에 등급이 어떻게 바뀌는지 확인하자. 배가 7 정도 고플 때 먹고 4 정도로 낮아지면 그만 먹는 식으로 한다.

가공 식품의 섭취를 최소로 줄인다 : 영양적인 가치는 신선한 식품일 때 가장 높다. 보존하고, 가공하고, 향이나 색을 입힌다고 해서 영양이 높아지지는 않는다. 자연 상태의 신선한 식품은 뭘 더 넣거나 좋게 만들 필요가 없다. 보존제와 인공 감미료, 착색제 등은 최대한 멀리하자.

카페인을 끊고 대신 다른 것을 찾는다 : 불안해하는 아이들에게 카페인이 왜 나쁜지는 앞에서 설명했다. 건강식품을 취급하는 곳에 가면 허브나 곡물차 등 카페인을 대신할 수 있는 것들을 쉽게 구입할 수 있다.

설탕 섭취를 최소화한다 : 민감한 사람들에게 설탕은 약물과 비슷한 영향을 미친다.

아이에게 창의적인 요리를 가르친다 : 먹는 것은 생존에 꼭 필요한 것인 만큼 음식 준비를 배우는 것은 생활의 기본이다. 어떻게 하면 맛있고 몸에도 좋은 음식을 만들 수 있는지 아이들에게 가르쳐주자.

아이들을 영양에 대해 공부하게 한다 : 식단과 영양에 대해서는 배워야 할 것들이 매우 많다. 음식이 대사돼 에너지로 바뀌는 과정 및 소화 체계를 이해하는 것, 식품 포장지에 붙어 있는 성분 설명서 읽는 법, 우리 몸이 필요로 하는 영양소를 배우는 것, 어떤 영양소가 어떤 식품에 풍부한지 아는 것은 특히 중요하다.

몸을 친구처럼 사랑하고 아낀다 : 몸은 평생 우리와 함께하는 것이다. 자신의 몸을 챙기면 건강 문제나 이상 증상이 훨씬 줄어든다.

주기적으로 운동을 한다 : 운동은 음식의 소화와 흡수를 돕고 배고픔과 신진대사, 배설 과정을 규칙적으로 조절해준다. 또 스트레스와 불안을 관리하는 데도 꼭 필요하며 자존감과 수면, 에너지, 기분, 집중력, 집중 시간에 매우 중요한 역할을 한다.

마음을 편히 갖고 천천히 먹는다 : 음식이 충분히 소화되도록 꼭꼭 씹어서 천천히 먹으면 소화도 잘 되고 영양 흡수도 좋아진다. 또 천천히 먹으면 포만감이 들어서 과식을 막고 비만 걱정도 줄일 수 있다.

제10장

불안을 치료하는 물리적인 방법

이제 불안증의 치료법으로 비교적 최근에 나온 생화학 요법과 아이들에게 약물을 사용하는 경우에 대해 알아보겠습니다. 또 약물 치료의 이론적인 기반과 몇 가지 흥미로운 자연 치유법들도 살펴보겠습니다.

처음에는 소아과 의사와 상담하세요 ___

불안 증상들은 신체상으로 나타나는 경우가 많기 때문에, 부모들은 대부분 소아과 의사에게 맨 처음 도움을 청합니다. 복통이나 소화 문제, 피로감, 근육통, 수면 문제는 모두 신체적인 건강 문제로 보입니다. 하지만 이런 증상들의 약 80퍼센트는 신체 건강이 아니라 불안 같은 정서장애 때문에 나타납니다.

그런데 일반 의사들은 불안장애를 진단하고 치료할 수 있는 교육을 충분히 받지 못했습니다. 이런 문제는 일반적으로 정신 의학과 심리학의 영역에 속하는 것으로 간주되기 때문입니다. 환자가 불안증을 겪고 있음을 인지했다 하더라도, 일반 의사들은 이를 치료할 수 있는 심리요법이나 전문 치료사를 알지 못하는 경우가 많습니다.

불안증을 겪는 아이를 위해 의사가 할 수 있는 일은 세 가지입니다.

* ·불안증을 치료할 약물의 처방전을 써준다.
* ·아이를 치료할 정신 건강 전문의를 추천해준다.
* ·자신이 개인적으로 상담해준다.

대부분의 의사들은 늘 시간에 쫓기고 심리 상담에 대한 전문 지식도 부족하지만, 긴장을 풀고 스트레스를 관리하는 등 도움이 될 만한 방법들을 조언해줄 수는 있습니다.

어떤 약을 사용하나요? ___

불안 치료에 있어서 생화학 접근법은 뇌 연구를 바탕으로 합니다. 뇌의 '화학적 불균형' 특히 세로토닌 수치 때문에 불안이 유발된다는 근거에 따라, 이 치료법은 뇌 화학물질들의 균형을 맞추는 약물에 의존

합니다. 가장 많이 처방되는 약물은 팍실(Paxil), 졸로푸트(Zoloft), 셀렉사(Celexa), 렉사프로(Lexapro) 같은 선택적 세로토닌 재흡수 억제제(SSIR)입니다. 이 약물들은 불안장애와 우울증 치료제로 FDA의 승인을 받은 것들입니다. 다만 최근에 청소년들의 '자살 충동'이 늘어난다는 자료가 나온 팍실의 사용은 줄이거나 중지할 것을 권합니다.

불안이나 우울증 같은 정서장애에 약물 치료를 권할 때는 당뇨병이 자주 비유됩니다. 제1형 당뇨병은 췌장에서 인슐린이 충분히 분비되지 않아 생기는 것으로 간주되는 경우가 많습니다. 그래서 합성 인슐린으로 화학 균형을 회복하고 병을 통제합니다. 그런데 당뇨병을 치료할 때는 혈당 수치를 꾸준히 재서 인슐린의 효과를 확인할 수 있지만, 불안증 때문에 SSRI를 복용하는 환자들은 뇌의 세로토닌 수치를 확인할 수 없습니다. 이런 약물들은 여러 가지 불안장애에 효과가 있지만 어떻게 해서 그런 작용을 하게 되는지는 명확히 밝혀지지는 않았습니다.

약물로 불안증을 치료한 기록은 포도로 술을 처음 만들었던 기원전 6,000년으로 거슬러 올라갑니다. 초기에는 아편도 사용됐습니다. 실제로 1815년 불안장애를 위해 처음으로 제작된 약의 성분은 알코올과 아편으로 특수 조제한 물질이었습니다. 1900년대 초에는 바르비투르가 불안 치료에 주로 사용됐지만 이 약물을 지속적으로 사용하면 수면장애(불면증 치료에 사용되기도 하지만)와 중독의 문제가 생길 수 있었습니다.

리브리엄은 1961년에 개발된 최초의 벤조디아제핀이며, 오늘날에도 이를 변형한 약물 열두 가지 이상이 불안증의 단기 치료에 사용되고 있습니다. 이 약물들은 근육 이완제, 수면제, 불안 완화제, 항경련제를 합성한 것으로 효과가 빠릅니다. 하지만 중독될 위험이 높고 아이들에게 사용하기에 적절하지 않습니다. 이런 약을 먹으면 나른해지고, 좌절을 견디는 힘이 약해지며, 심혈관계 질환의 위험을 높이는 부작용이 있습니다.

우울증 치료제 이미프라민에 대해서는 최고 수준의 연구들이 진행된 바 있고 그 결과 이 약은 분리불안과 사회공포증을 완화한다는 것이 증명됐습니다. 하지만 강력한 진정 작용과 인지 기능의 결함, 남용과 의존 같은 잠재적 부작용에 대한 우려도 있습니다. 근래에는 특히 아동을 치료할 때는 벤조디아제핀 대신 세로토닌 재흡수 억제제(SSRI)가 널리 사용되고 있습니다.

약물 치료에는 장단점이 있어요 ___

약물은 불안을 치료하는 중요한 방법 중 하나이므로 아이들에게 어떤 점이 좋고 나쁜지 잘 살펴볼 필요가 있습니다. 환자가 다음의 두 증상을 보일 경우 약물을 쓰는 것이 좋습니다.

✽ • 잠을 못 잘 때
   • 증상이 너무 엇갈리게 나타나서 치료 효과가 낮을 때

이런 상황에 하나라도 해당되면, 일반적인 치료를 받아도 환자가 받아들이지 못하기 때문에 약물 치료를 고려해야 합니다.

약물의 좋은 점 중 하나는 치료 효과를 극대화한다는 것입니다. 다시 말해 약물이 치료의 보조 역할을 하며 상당한 도움이 될 수 있다는 뜻입니다. 실제로 많은 정신과 의사들이 불안장애와 우울증, 그 밖에 여러 증상을 보이는 환자들에게 치료와 약물을 병행하는 것을 선호합니다. 이렇게 하면 약물의 부작용이 나타날 경우 바로 확인할 수 있으며 치료의 전반적인 효과도 높일 수 있습니다.

약물은 공포증 즉 특정한 '위협'에 대한 불안감을 치료하는 데도 중요한 역할을 합니다. 공포증이 있는 아이들은 등교를 거부하거나, 사람들과 같이 있는 것을 못 견디거나, 여러 사람 앞에서 말을 해야 하는 상황을 몹시 불안해합니다. 이럴 때 약물을 쓰면 아이가 두려워하는 상황을 직접 겪게 하면서 치료 중에 배운 기술들을 써보게 할 수 있습니다.

약물의 또 다른 역할은 불안장애에 동반되는 우울증을 치료하는 것입니다. 불안장애가 있으면 자연스럽게 우울증이 생깁니다. 만성 우울증의 경우는 더욱 그렇습니다. 즉 사회공포증이 있는 아이는 사회와 고립돼 외로움을 느끼다 보니 우울해질 가능성이 큽니다. 이 경우 항우울제, 특히 부작용이 거의 없고 아이들에게 안전하다고 간주되는 약물은 치료에 중요한 보조 역할을 합니다.

하지만 약물에는 몇 가지 문제점과 함정이 있습니다. 하나는 치료를 받으러 온 부모와 아이들이 약을 좋지 않게 생각한다는 편견입니다.

불안 치료에 가장 많이 쓰이는 세로토닌 재흡수 억제제(SSRI)의 또 다른 문제점은 즉각적인 효과가 나타나지 않는다는 것입니다. 보통 2주에서 4주는 지나야 효과를 볼 수 있는데, 참을성이 부족한 환자들에게는 너무 긴 시간입니다. 간혹 반대 효과가 나타나 증상이 더 심해지는 경우도 있습니다. 또 자신에게 맞는 약과 적절한 복용량을 찾으려면 계속 의사를 만나서 새 처방전을 받아야 하는 등 과정이 힘들기 때문에 좌절하거나 시간 낭비라는 생각이 들 수도 있습니다. 그렇다고 해서 벤조디아제핀류처럼 불안감을 신속히 억누르는 약물을 아이들에게 정기적으로 쓰는 것은 안전하지 않습니다.

약물은 아이들이 불안감을 이해하도록 돕거나 통제할 수 있는 기술을 가르쳐주지 않습니다. 그래서 약물 처방과 심리 치료가 동시에 이뤄져야 최대의 효과를 볼 수 있습니다.

몇몇 연구들은 약물과 심리 치료의 병행에 대해 흥미로운 연구 결과를 발표했습니다. 공황장애의 경우 약물과 인지행동치료(CBT)의 효과가 같지만 약물만 썼을 때는 재발할 가능성이 높았습니다. 강박장애의 경우는 원치 않는 생각과 충동을 느끼지 않도록 뇌의 화학 상태를 바꿔주는 데 있어서 CBT가 약물만큼 효과적이라는 사실이 입증되기도 했습니다.

약물에 의존하게 되는 것도 문제입니다. 불안 증상을 통제하는 데 약물로 큰 효과를 보게 되면 약을 끊는 것을 불안해하는 환자들을 많습니다. 그들은 약을 먹지 않으면 다시 불안감을 느끼게 될까 봐 두려워합니다. 그래서 치료를 할 때는 환자가 약에서 벗어나는 것도 도와야 합니다.

아이들은 생물학적인 민감성 때문에 약의 부작용 문제가 더욱 심각합니다. 불안증이 있는 아이들은 기질적으로 빛, 소리, 신체 접촉, 특정 음식, 호르몬 변화 등 여러 영역에서 주어지는 자극에 매우 민감합니다. 불안증을 갖고 있는 아동과 성인들은 일반인들보다 약의 부작용에 더 민감한 반응을 보입니다.

불안장애를 갖고 있는 아동의 80퍼센트는 약물 처방 없이 심리 치료만으로 효과를 볼 수 있습니다. 그러므로 약의 위험과 부작용을 확실히 인지한 상태에서 필요할 때만 쓰는 것이 옳습니다. 앞서 말한 두 상황, 즉 잠을 못 자거나 증상이 너무 심각해 상담이 안 될 때를 제외하고는, 일단 상담으로 치료를 시작하며 일정 기간이 지나도 효과가 나타나지 않을 때만 약물 치료를 고려해야 합니다.

약 대신에 사용하는 방법들도 있습니다 ___

불안장애가 있는 아이들에게 쓸 수 있는 몇 가지 흥미로운 대체 요법들도 있습니다. 유럽에서는 실제 의사들이 오래 전부터 써온 만큼 폭넓게 활용되고 있습니다. 독일과 프랑스에서는 엄격한 성분 검사를 통해 약초를 원료로 한 약물을 생산하고 있습니다.

허브 테라피 :

허브는 고대부터 불면증과 신경과민 등 여러 불안 증상을 치유하는 데 사용됐습니다. 현대 의학은 최근에야 그 효과를 인정하기 시작했지만 허브는 자연 치료법의 일환으로 그 관심이 점차 늘고 있습니다. 특히 약물의 부작용을 걱정하는 사람들은 자연 치료법을 선호합니다.

불안 치료에 허브가 도움이 된다는 연구 결과들이 늘고 있지만 아이들에게는 제한적으로 사용해야 한다는 의견들도 있습니다. 그래서 아이에게 허브 테라피를 사용하고자 하는 부모는 경험과 지식이 풍부한 전문가나 자연 요법사의 조언을 구하는 것이 좋습니다. 일반적으로 허브 테라피는 처방된 약물과 같이 쓰지 않는 것을 원칙으로 합니다. 두 효과가 서로 충돌해 부작용이 생길 수도 있기 때문입니다.

허브를 차로 다려 마시면 순해서 아이들에게도 안전합니다. 카모마일 차는 아이를 진정시키고 수면을 유도하는 효과가 있습니다. 카모마일은 마음을 편하게 하는 데 가장 널리 쓰이는 약초 중 하나로 근육 조직을 진정시켜줍니다. 아이들이 쉽게 잠들지 못하면 카모마일이 섞인 차를 따스하게 데워 먹이면 좋습니다. 아이들이 좋아하는 특별한 잔에 차를 담아서 아이가 홀짝이며 마시는 동안 곁에 있어주면 됩니다. 그러면 부모가 곁에 있으니 자연스레 아이의 마음은 안정되고 허브의 진정 효과까지 더해져 좋은 결과를 얻을 수 있습니다.

이외에도 증상에 따라 알맞은 허브를 사용하면 됩니다. 다음은 몇 가지 허브들의 특징입니다.

✺ 불안을 줄여주는 허브

성 요한 풀(St. John's wort) : 2,400년 전부터 불안, 수면 장애, 걱정을 다스리는 데 사용돼 온 다년생 식물이다. 히포크라테스도 '신경과민에 따른 불안증'에 이 약초를 쓸 것을 권장했다. 성 요한 풀은 세로토닌, 노르에피네프린, 도파민 이 세 신경물질의 분비를 촉진하고 우울증에도 효과가 있는 것이 증명됐다. 또 여러 연구 결과 부작용이 거의 없을 만큼 안정성도 입증됐다.

카바(Kava) : 영국, 독일, 스위스 등 여러 유럽 국가들의 보건 당국이 불안과 불면증 치료에 사용을 승인한 약초다. 카바는 후추나무 과에 속하며 피지, 사모아 같은 남태평양 섬들이 원산지다. 주로 음료로 섭취하며 자연 진정제로 수출된다. 학자들은 카바가 불안 증상을 얼마나 완화시키는지 확실히 밝히지 못하고 있지만, 편도체에 대한 진정 효과는 있는 것으로 알려져 있다. 연구 결과들에 따르면, 카바는 범불안장애와 사회공포증, 광장 공포증, 특정공포증 등의 불안장애에 효과가 있는 것으로 나타났다.

쥐오줌풀(Valerian) : 진정 효과가 있으며 유럽에서 가장 폭넓게 사용되는 약초다. 심신을 안정시켜 수면을 유도한다. 약국에서는 이 약초 성분이 함유된 조제 약품이 백여 가지나 판매되고 있다. 불안과 불면증에 특히 효과가 있어서 세계적으로 큰 인기를 끌고 있다. 성 요한 풀과 함께 오래전부터 안전성이 입증된 약초다.

캘리포니아 양귀비(California poppy) : 아편 종에 속하지만 마약 성분은 없다. 수면을 유도하고, 긴장을 풀고, 불안을 누그러뜨리는 효과가 있어서 널리 사용되고 있다. 나이에 맞게 설명서에 적힌 대로 사용하면 아이들에게도 안전하다.

홉(hops) : 유럽에서 불안, 동요, 수면 장애 등의 효과를 인정받았다. 쥐오줌풀과 함께 사용하면 수면의 질을 높일 수 있다.

시계초(Passionflower) : 긴장 완화용으로 인기가 좋으며 북아메리카가 원산지이다. 유럽에서는 쥐오줌풀 뿌리와 섞어서 불면증, 불안, 과민성 등의 치료제로 쓰이고 있다.

먹고 마시는 것에 까다로운 아이들도 허브차를 마실 수 있을까요? 카모마일, 카바, 성 요한 풀, 시계초 등은 맛이 순해서 아이들도 대부분 별 탈 없이 마실 수 있습니다.

아로마 테라피 :

아로마 테라피는 식물에서 추출한 아로마 에센스, 즉 에센셜오일로 몸을 치유하는 방법입니다. 오일을 실온이나 따뜻한 곳에 놔두면 공기 중으로 퍼집니다. 에센셜오일은 고대 이집트와 중국으로 거슬러 올라가 수천 년 동안 심신의 휴식과 긴장 완화 등 건강을 위한 여러 가지 목적에 사용됐습니다.

향기는 콧속의 신경 수용체를 통해 뇌에 직접적으로 작용합니다. 비강에 있는 수백만 개의 신경 세포들은 들어온 자극을 시상하부와 변연계(뇌에서 정서기능을 담당하는 곳)로 보냅니다. 뇌에 전달되는 후각은 매우 강렬해서 어떤 냄새들은 그와 관련된 생생한 기억들을 불러오기도 합니다.

기분 좋은 향기는 마음의 여유를 갖게 하고 심호흡을 하게 함으로써 몸의 긴장을 풀어줍니다. 라벤더 향은 실제로 뇌의 알파파(휴식 상태의 뇌파) 생성에 도움을 줍니다. 영국의 의학 저널인 〈란셋(Lancet)〉은 라벤더가 불안감을 줄이고 불면증에 도움이 된다는 연구 결과를 발표한 바 있습니다. 이밖에 카모마일, 네롤리, 베르가못, 스위트 마조람, 일랑일랑 같은 에센셜오일도 진정 효과가 있는데, 이 오일들은 단독으로 쓰거나 여러 가지를 섞어서 스트레스를 해소하는 데 사용합니다. 이런 향기들은 한시도 가만있지 못하는 아이들을 진정시키는 데도 도움이 됩니다.

바하 플라워 요법 :

바하 플라워 요법으로 알려진 자연 치유법도 아이들에게 안전합니다. 이 요법은 1930년대에 영국의 에드워드 바하 박사가 개발한 뒤 미국에서 깊이 있는 연구가 이뤄졌으며, 꽃에서 추출한 물질들로 두려움, 불확실성, 과민 반응, 과잉 걱정 같은 정서 상태의 균형을 맞춰주는 방법입니다.

바하 플라워 에센스는 증상보다 사람에게 작용합니다. 그래서 증상이 같아도 수동적인 아이, 참을성이 없는 아이, 쉽게 좌절하는 아이 등 각 아이의 특성에 따라 다른 치료법을 써야 할 수도 있습니다. 이 요법은 모든 연령대의 아이들에게 안전하지만 효과가 빠르게 나타나지는 않기 때문에 인내심이 필요합니다. 바하 플라워 요법은 서서히 작용하며 부작용이나 의존 등의 문제는 아직 보고된 바 없습니다.

다음은 아동 불안에 사용되는 몇 가지 치료제들입니다.

✿ 바하 플라워 요법 치료제

사시나무(Aspen) : 일반적인 신경과민 증상과 더불어 두려움과 걱정 등을 완화하는 데 사용된다. 밤을 무서워하거나 악몽을 꾸는 아이들에게도 도움이 되는 것으로 알려져 있다.

록 로즈(Rock rose) : 외상후스트레스장애(PTSD) 증상에 권장한다.

미물루스(Mimulus) : 부끄럼을 많이 타고 민감한 아이들, 또 사람들 앞에서 말하는 것, 곤충, 어두움, 치과나 병원 가는 것에 공포증을 갖고 있는 아이들에게 좋다.

인동 덩굴(Honeysuckle) : 부모와 떨어진 아이의 향수병에 좋다.

레드 체스트넛(Red chestnut) : 다른 사람들, 특히 가족의 안부를 지나치게 걱정하는 아이들에게 권한다.

호두(Walnut) : 변화에 적응하는 것을 힘들어하는 아이들에게 좋다.

다북개미자리(Scleranthus) : 결정하는 것을 힘들어하는 성격에 도움이 된다.

화이트 체스넛(White chestnut) : 원치 않는 생각들을 다스리고 정리하는 데 효과가 있다.

동종 요법 :

동종 요법도 허브 테라피처럼 자연의 식물들을 이용하는 대체 요법입니다. 하지만 한 가지 큰 차이점이 있습니다. 동종 요법은 신중하게 준비하고 관리된 물질을 극소량으로 사용해 자기 치유 효과를 높이고 몸의 균형을 맞추는 치료법입니다. 많은 양을 썼을 때는 문제가 생길 수 있으므로 반드시 주의해야 합니다. 동종 요법 원료들은 미국 식품 의약국이 규정하고 통제하고 있다는 것도 차이점입니다.

동종 요법에 쓰이는 약물은 진탕법(마구 흔드는 것)으로 계속 희석해서 약효를 증강하는(potentization) 과정을 거쳐 준비됩니다. 이렇게 해야 화학적 독성이 제거돼 치유 효과를 볼 수 있기 때문입니다. 동종 요법 치료제를 만들려면 먼저 치유 효과가 있는 물질에서 순수한 추출물을 뽑아내야 합니다. 그런 다음 원하는 역가(potency)에 이를 때까지 진탕법으로 계속 추출물을 희석합니다.

동종 요법은 꽤 효과도 있고, 효과의 정도를 측정할 수도 있지만 어떤 원리로 그렇게 되는지는 명확히 밝혀지지 않았습니다.

동종 요법 치료제는 치료를 원하는 증상에 따라 선택할 수 있고, 의사의 별도 지시가 없으면 설명서에 적힌 내용에 따라 복용하면 됩니다. 다음은 불안 치료에 도움이 되는 몇 가지 치료제들입니다.

❀ 동종 요법 치료제

아코니툼(Aconitum napellus) : 극도의 불안, 나쁜 꿈, 수면 문제에 시달리는 아이들에게 사용된다.

할미꽃(Pulsatilla) : 자신 없는 모습과 집착으로 불안감을 표현하면서 끊임없는 위로와 보살핌을 필요로 하는 아이들에게 효과적이다. 호르몬이 변화하는 시기에도(사춘기, 생리 기간) 도움이 될 때가 많다.

겔세뮴(Gelsemium) : 몸에 힘이 빠지고 떨리거나, 두려움 때문에 마비가 오는 것 같은 느낌이 들 때 사용한다. 시험 볼 때, 치과에 가야할 때, 면접을 앞두고 있을 때, 무대에 올라 사람들 앞에서 공연을 해야 할 때 등 스트레스가 심할 때 도움이 되는 경우가 많다.

나트룸 무리아티쿰(Natrum muriaticum) : 정서적 민감함, 자기 방어를 위해 생기는 수줍음, 사회공포증에 도움이 된다. 폐쇄 공포증, 밤에 불안해하는 것(도둑이나 침입자에 대한 두려움), 편두통, 불면증에도 효과가 있다.

포스포러스(Phosphorus) : 솔직하고, 상상을 잘하고, 쉽게 들뜨고, 잘 놀라고, 극심한 두려움을 생생하게 느끼는 사람들에게 처방된다. 불안 특성을 가지고 있어서 일을 지나치게 많이 하고, 주변에 쉽게 휘둘리고, 습관적인 걱정을 달고 살고, 부정적인 생각을 많이 하는 사람들에게 써도 괜찮다.

동종 요법에 쓰이는 약물은 환자의 증상에 맞게 선택해야 합니다. 특히 아이들을 치료할 때는 반드시 교육을 받은 동종 요법 전문의의 상담을 거쳐야 합니다.

· 제11장 ·

불안의 종류별 치료 사례

마지막 장에서는 불안심리치유센터에서 내가 치료를 맡은 실제 사례들을 몇 가지 살펴보겠습니다. 어릴 때부터 불안을 겪었지만 오래도록 치료를 받지 못한 어른들의 사례도 몇 가지 포함했습니다. 이 장에서는 실제 사례들을 통해, 불안장애를 일으키는 핵심적인 요인과 효과적인 치료법들에 중점을 두고 단계별로 알아볼 것입니다.

사회적인 불안이라면 자존감을 높여주세요 ___

등교를 거부한 열네 살 미셸

부모는 미셸이 자신의 외모를 지나치게 의식하고, 수줍음을 많이 타며, 감정 표현을 꺼리는 아이라고 했다. 중학생이 되자 아이의 불안은 더욱 심해졌다. 다른 아이들과 어울리는 것을 너무나 힘들어했고 급기야는 학교에 가지 않기 위해 온갖 핑계를 대기 시작했다. 미셸과 대화를 나눠 보니 분명히 어떤 계기를 통해 이런 극심한 불안증을 갖게 된 것이라고 생각했다. 학교 식당에서 친구들과 문제가 있었을 수도 있고, 영어 시간에 큰 소리로 책을 읽거나 체육 시간에 다른 아이들 앞에서 옷을 갈아입는 것이 너무 싫었을 수도 있다.

이런 증상들은 모두 사회적인 불안에 해당합니다. 미셸의 치료는 우선 라포를 형성하고, 몸과 마음에 대한 기본적인 내용을 가르치는 것부터 시작해 몇 단계로 진행했습니다. 그리고 마음을 편히 갖는 훈련을 받은 뒤 체계적인 탈감각화를 통해 사회적인 불안을 극복하게 되었죠.

탈감각화를 배우는 과정에서, 미셸에게 불안감과 공포심까지 일으키는 상황들을 모두 적고, 힘든 정도를 숫자로 표시하게 했습니다. 그런 다음 위협 정도가 가장 낮은 것을 시작으로, 자신이 그 상황에 처했다고 상상하며 마음을 편히 갖는 기술을 쓰게 함으로써 각 상황들을 연습시켰습니다. 미셸은 불안해질 때마다 멈추고 마음을 편히 가진 뒤 다시 시작했고, 그러다 결국 자신이 적은 모든 상황들에 편안해진 자기 모습을 상상할 수 있게 되었습니다. 그 다음에는 역시 불안 정도가 가장 낮은 것을 시작으로 그런 상황들을 실제로 겪어보게 했습니다. 그렇게 하자 아이는 불안하고 회피했던 상황들을 조금씩 편안히 받아들일 수 있게 되었습니다. 또 마음속으로 하는 말들도 부정적인 것에서 긍정적인 것으로 바꾸도록 했습니다.

"나는 예전에 이걸 해봤어. 그러니 다시 할 수 있을 거야."

"나는 이 문제를 해결할 수 있어."

"식당에 있는 아이들은 날 빤히 쳐다보려고 거기 있는 게 아니야. 각자 자기 일을 하느라 바쁜 거야."

자기 생각을 당당하게 표현하는 법도 배우고 자존감을 높이는 연습도 했죠. 미셸은 다른 사람들과 대화를 할 때 눈을 맞추는 것이 매우 중요하다는 것을 알게 되었고, 누가 칭찬을 하면 역시 눈을 맞추며 "감사합니다"라는 말로 받아들이는 연습도 했습니다. 치료는 4개월 만에 끝났습니다. 치료가 끝나자 미셸은 학교에 다니며 여러 가지 방과 후 활동에 즐겁게 참여할 수 있게 되었습니다.

전반적인 불안에는 '걱정 시간'을 만들어주세요 ___

학습장애가 생긴 일곱 살 니콜라스

학교에서는 아이에게 읽기와 쓰기 능력에 결함이 있다고 했다. 우선 학습장애가 진짜 문제인지 확인하기 위해 아이의 인지 능력부터 검사했다. 또 아이의 가정환경이 학습에 미치는 영향을 알아보는 것도 중요할 것 같았다. 심리 평가 후 나는 다음과 같은 결과를 얻었다. 니콜라스는 정서적으로 몹시 민감하고 내성적이어서 쉽게 좌절하고 슬퍼하며, 걱정이 많은 편이지만 기쁘게 지내고자 하는 욕구도 강했다. 니콜라스의 전반적인 인지 능력은 또래 중 상위 7퍼센트에 해당할 정도로 최고 수준이었다. 하지만 불안에 민감한 정도를 판단하는 몇 가지 하위평가에서는 점수가 낮게 나왔다. 또 니콜라스의 부모는 별거를 한 뒤 이혼 절차를 밟고 있었다.

니콜라스는 부모의 이혼에 모든 관심이 몰려 있었고 이에 많은 스트레스를 받고 있었다. 문장을 완성하는 테스트에서는 이런 글을 썼다.

"나는… 엄마와 아빠가 싸워서 …슬프다."
"나는… 엄마와 아빠가 싸우는 것을 …싫어한다."

세 가지 바람을 적어보게 했을 때 니콜라스는 제일 먼저 "엄마와 아빠가 화해하는 것"이라고 썼다. 분리불안에 대한 검사에서, 아이는 늘 부모의 별거를 의식하고 있었고, 자기 집 문제를 남들이 알지 않기를 바라며, 부모의 이혼이 자기 탓이라고 생각해 약간의 우울증도 갖고 있었다. 끝으로 받은 몇 가지 검사에서는 니콜라스가 자신의 감정을 억누르고 있다는 결과가 나왔다. 아이는 모험을 즐기지 않았고, 낯설거나 체계적이지 못한 상황에 처하면 자신이 아는 것에만 집착하는 경향이 있었다. 또 좌절을 견디는 힘도 약했다.

모든 심리 검사 결과, 니콜라스는 머리가 아주 좋고 창의적인 아이였지만 부모의 이혼 때문에 몹시 불안해하는 상태였습니다. 학교 수업에 집중하지 못하는 것은 정서적인 스트레스 및 불안과 상당한 관계가 있었습니다. 학습 상의 문제는 장애가 아니라, 불안 및 그와 관련된 심리적인 스트레스 탓이었죠.

심리 치료는 성공적이었습니다. 니콜라스는 처음에는 실의에 빠져서 말도 잘 안했지만 게임과 놀이를 할 때는 즐거워했습니다. 그래서 아이를 다독이며 편안하게 이야기하게 만들고 따스하고 친근한 분위기를 마련했습니다. 이렇게 라포를 형성한 다음에는 불안감에 대해 설명해주고 몸과 마음, 그리고 행동의 여러 가지 원칙들을 가르쳐줬습니다. 그러고 나서 니콜라스는 마음을 편히 갖고 불안을 통제할 수 있는 여러 가지 기술들을 배웠습니다. 즉, 마음속으로 자신에게 하던 나쁜 말들을 바꾸고, '걱정 시간'을 따로 정해서 그 시간에만 마음껏 걱정하게 했습니다. 니콜라스는 표현을 잘하는 아이는 아니었지만, 가끔 집에서 일어나는 변화에 대해 어떤 기분이 드는지 털어놓곤 했습니다.

니콜라스의 부모에게는 아이가 불안감을 이겨내고 부모의 이혼에 적응하도록 도울 수 있는 몇 가지 방법들을 안내했습니다. 다행히 부모가 자신들의 문제를 잠시 미뤄놓고 아이를 가장 우선시했죠.

마지막 상담을 얼마 앞두고, 니콜라스는 나에게 이런 말을 했습니다.

"우리가 처음 만났을 때에 비해 지금은 걱정이 반으로 줄었어요."

그리고 마지막 날에는 이렇게 말했다.

"걱정이 다 없어졌어요! 걱정해봤자 아무 소용없다고 나한테 했던 말들이 효과가 있었나봐요. '이러면 어떡하지, 저러면 어떡하지' 하던 생각들도 다 사라졌어요."

강박장애는 긴장을 푸는 게 중요합니다 ___

모든 것을 네 번씩 하는 열한 살 에린

에린은 조용하지만 다정한 성품을 가진 열한 살짜리 소녀였다. 부모는 아이에게 특별한 문제가 있다며 왔다. 모든 것을 네 번씩 되풀이해야 직성이 풀려한다는 것이었다. 에린은 거의 모든 행동을 이런 식으로 했다. 운동 경기를 보러가거나 콘서트에 가면 박수를 딱 네 번만 쳤고, 밤에는 베개를 꼭 네 번 바로 잡은 뒤에야 잠을 청했다. 에린은 이런 행동에 자신이 통제받는 기분을 느꼈고, 네 번씩 하는 버릇을 그만두거나 바꾸려고 할 때마다 몹시 불안해했다.

엄마와 면담을 해보니, 에린은 수학을 어려워했고 수학 숙제를 극도로 싫어했다. 아마도 이것이 스트레스의 주요 원인이며 불안증까지 유발하는 것 같았다.

에린은 강박장애였습니다. 강박장애에서 가장 흥미로우면서도 어려운 부분은, 환자가 강박적인 행동을 그만두려고 하면 할수록 불안감이 더욱 높아진다는 것이죠. 강박장애의 주요 증상들은 불안감을 누르기 위해 습관적으로 하던 행동이나 강박적인 사고에 몰두하게 되면서 나오는 것들인 경우가 많습니다. 에린에게 단순히 네 번씩 하던 버릇을 그만두라고 말하는 것만으로는 아무 효과가 없죠. 그런 말은 오히려 아이의 강박적인 행동을 부추길 뿐입니다. 따라서 이런 장애를 치료할 때는 강박적인 행동을 줄이라고 말하기 전에, 불안감에 대해 알려주고 불안을 관리할 수 있는 기술들을 가르쳐야 합니다.

왜 무엇이든 네 번씩 해야 편안해지는지 에린에게 말해줬습니다. 이것은 아이 나름대로 불안감을 통제하고 마음을 편히 갖기 위해 쓰던 방법이었으니까요. 또 아이가 느끼는 불안은 학교에서 받는 스트레스, 특히 수학을 어려워하는 것과 관계가 있다는 것을 깨닫게 해줬습니다. 에린도 불안에서 벗어날 수 있는 다른 방법들을 알고 싶었기 때문에 새로 배운 마음을 편히 갖는 연습을 충실히 실천했습니다.

에린에게 긴장을 푸는 연습을 시키면서 올바른 호흡법과 스트레스를 관리하는 개념을 알려줬습니다. 또 불안을 누를 수 있는 새로운 사고방식도 소개해줬죠. "상상 속에서는 무슨 일이든 가능할 것 같다"는 아이의 느낌을 이용해서, 어쩔 수 없이 하긴 하지만 불편했던 행동을 고친 자기 모습을 그려보게 했습니다. 에린이 강박장애에 대한 개념을 이해하고, 긴장을 푸는 기술들을 익히고, 사고방식을 개선하게 되자 늘 네 번씩 하던 것을 세 번으로 바꿔보라고 제안했습니다. 아이는 곧바로 그렇게 했죠. 농구 경구를 보러가서 박수를 세 번만 쳤지만 전혀 불안해지지 않았습니다. 이런 변화를 경험하자 에린은 강박장애를 극복하는 과정을 아주 잘 따라왔습니다.

에린의 경우에 도움이 되었던 또 한 가지 방법이 있습니다. 나는 수학을 따로 지도해줄 선생님을 학교에 요청했고, 수학 숙제는 수업이 끝난 뒤에 바로 할 수 있게 해달라고 했습니다. 이렇게 근본적인 원인을 해결하자 에린이 받던 스트레스는 크게 줄었습니다.

강박장애를 치료할 때 '3R'이라고 하는 방법도 사용합니다. 이것은

UCLA 의과대학의 강박장애 연구센터 자료를 바탕으로, 환자들이 원치 않는 생각이나 강박적인 행동을 통제할 수 있도록 돕기 위해 내가 개발한 것입니다. 이 방법은 범불안장애(GAD) 환자들의 부정적인 생각과 걱정을 줄이는 데도 적용할 수 있습니다. 간단히 3단계로 이뤄져 있지만 다른 기술과 마찬가지로 연습하고 실천하는 것이 중요합니다.

* 1. **이름 붙이기(Relabel)** : 강박적인 증상이 나올 때마다 "이건 내 강박증이야", "불안해서 이래" 같은 말들을 붙이는 것이다.

  2. **초점 맞추기(Refocus)** : 당장 해야 할 중요한 일에 관심을 집중시킨다. 강박적인 생각이나 행동은 비효율적이고 비생산적이며 시간만 허비하게 하므로 더욱 중요한 일에 집중해야 한다.

  3. **마음을 편히 갖기(Relax)** : 천천히 심호흡을 하면서 몸과 마음을 차분히 진정시킨다. 불안감과 편안함은 공존할 수 없다는 것을 잊지 말자.

사회적인 불안에는 '그룹 치료'가 좋습니다 ___

부끄러움을 많이 타는 아이들은 청소년이 되어 이성 교제를 시작하고 성에 관심이 많아지면서 불안감이 급증하는 경향이 있습니다. 이 시기에 느끼는 사회적인 불안은 앞으로의 삶에 상당한 영향을 미칩니다.

사회공포증이 있는 고3 앤드류

앤드류는 음악적인 재능이 뛰어났지만 사람들 앞에 나서는 것을 극도로 싫어하고 감정을 표현하지 않는 아이였다. 처음 선택한 대학에 입학 허가를 받았지만 집을 떠나 다른 주에 있는 대학에서 새로운 삶을 시작해야 한다는 것은 상상조차 하기 싫었다. 결국 앤드류는 대학 지원 상황이 어떻게 되어 가는지 확인할 전화 통화조차 하지 못했다. 사실 그는 오래된 친구들에게도 전화하는 것을 힘들어했고 또래들과 잘 어울리지 못했다. 어릴 때는 수줍음이 많아도 제 할 일은 하는 아이였지만 이제는 심각한 사회공포증에 시달리고 있었다.

앤드류는 상담하러 혼자 오지도 못할 만큼 문제가 심각했다. 대신에 가족들을 처음 만나 면담하면서, 아이의 아버지도 정서적으로 억눌리고 자신을 드러내지 않는 사람이라 늘 소외감을 느끼며 살아왔다는 것을 알게 되었다. 다른 원인은 불분명 했지만, 대학을 위해 집을 떠나야 한다는 것이 엄청난 스트레스가 되어 부끄러움이 많은 이 젊은이에게 심각한 불안을 유발했다는 것만은 분명했다.

상담을 시작하기 전, 가족들은 이미 앤드류를 1년 휴학시키기로 결정한 상태였다. 그들은 앤드류가 집을 떠나기 전에 좀 더 성숙해질 시간을 갖고 또 상담 치료를 통해 상태가 좀 나아지기를 바랐다. 부모는 아들이 대학에 가기 전에 하고 싶은 음악 활동도 하고 여름에 여행도 다니기를 바랐다.

그룹 치료는 사회적인 불안에 가장 효과가 높은 치료법 중 하나입니다. 수줍음이 많거나 불안해하는 사람들은 그룹 활동에 참여하는 것을 꺼릴 것 같지만, 그들은 곧 자신과 비슷한 문제를 갖고 있는 또래들과 편안히 잘 지내게 됩니다. 내가 매주 진행하는 청소년 그룹 치료에 앤드류를 포함시킨 것도 이 때문이었습니다. 그는 마지못해 노력해 보기로 했죠.

그룹에는 앤드류 외에도 심각한 불안장애 때문에 대학 입학을 한 해 미루거나 1학년 때 그만둔 학생들이 몇 명 있었습니다.

불안증으로 휴학 중인 멜리사

앤드류가 그룹에서 만나게 된 멜리사 역시 창의력이 뛰어난 아이였지만 학교나 기숙사에서 늘 또래들과 붙어 있어야 하는 것이 너무 힘들어 1학년 때 학교를 그만뒀다. 멜리사는 중학교 때부터 불안증이 시작됐고, 그런 불안감을 감추기 위해 사람들과 어울리는 것을 계속 피하게 되었다고 했다. 또 불안감 때문에 학업에도 지장이 있었다며, 특히 집중하는 것이 힘들어 읽기를 잘 못했다고 했다. 그래도 공부를 잘해서 고등학교 때는 학력 평가 점수가 높았지만, 대학 때는 불안증 때문에 성적이 떨어져 평점이 C에 그쳤다. 처음 면담했을 때 멜리사가 바라는 것은 세 가지였다.

"내가 사랑하는 사람과 좋은 관계가 되는 것."
"자연과 더불어 아름다운 세상에서 사는 것."

"다시는 걱정을 안 해도 되는 것."

테러를 목격한 켈리

또 다른 여학생인 켈리는 미술대학에 1년을 다녔지만, 심한 수줍음과 사회적인 불안을 치료하기 위해 여름에 집으로 돌아왔다. 켈리는 특히 남자 친구나 성에 관한 문제에 대해 극도로 불안해했다. 사람들과 어울리지 않고 혼자 있으면 불안감이 좀 나아진다는 것을 알았지만, 외로움이라는 대가를 치러야 하는 것이 힘들었다. 켈리는 어릴 때부터 수줍음이 많았다고 고백하며 자신은 "숙제만 하고 TV만 보는 타입"이었다고 했다. 그런데 불행하게도, 뉴욕에 있는 미대에 다니던 중 세계 무역 센터가 폭격 당하는 것을 목격했고, 그 뒤로 불안감이 더욱 심해지자 결국 집에 돌아오고 말았다. 내가 보기에 켈리는 매우 아름다운 여성이었지만 눈이 마주치는 것을 피하고, 자존감이 낮고, 사람들과의 관계에서 보이는 수동적인 태도 때문에 자신의 자연스러운 아름다움을 드러내지 못하고 있었다.

수줍음 많은 청년 브라이언

같은 그룹의 브라이언이라는 청년은 다른 주에 있는 대학에서 1년 동안 공부했지만 학교를 그만두고 집으로 왔다. 그리고 준비가 되면 지역 내에 있는 대학에 다시 다닐 계획을 갖고 있었다. 브라이언도 켈리처럼 어릴 때부터 수줍음이 많았다. 그는 사람들 속에서 겪는 불안감이 싫어서 전화 통화도 안 하고, 줄을 서야 하는 상황은 피하고, 사람이 많은 곳은 가지 않고, 파티도 안 다녔다. 또 자신의 증상을 직접 치료해보겠다며 술도 많이 마셨다고 했다. 처음 만났을 때 그는 "사람들과 가까워지지 못하는 것이 이제 무섭단 생각이 들어요"라고 했다. 그가 바라는 세 가지는 다음과 같았다.

"불안해하지 않고 우울해지지 않는 것."
"여자 친구가 생기는 것."
"삶의 목표를 갖는 것."

공황발작이 있는 리치

이 그룹에서 단 한 명, 리치라는 아이는 사회적 불안을 갖고 있지 않았다. 하지만 대학 1학년 동안 학업에 대한 스트레스와 피로 때문에 몇 차례 공황발작을 일으킨 전력이 있었다. 발작은 주로 밤에 일어났는데 이 때문에 리치는 밤이 되면 또다시 발작이 일어날까 봐 잠자리에 드는 것을 두려워했다. 이 불안장애를 가진 사람들이 대부분 그렇듯, 리치도 자신이 심장마비를 일으킨 줄 알고 병원 응급실로 달려가기도 했다. 병원에서는 증상을 완화시키는 약을 처방해줬지만 불안 치료를 권한 적은 없었다. 결국 리치는 대학을 그만두고 집으로 돌아와 치료를 받기로 결심했다. 그룹 치료에 처음 들어왔을 때, 리치는 밤에 잠을 안 자고, 사람들과 떨어져 혼자 지내고, 자신에게 실망한 부모와 갈등이 심한 상태였다. 리치의 부모는 낮 동안 하릴없이 빈둥거리며 잠만 자는 아들이 못마땅했던 것이다.

첫 번째 그룹 치료 때, 두 명씩 짝을 지어서 서로를 인터뷰하게 한 다음 새로 알게 된 사람을 그룹 전체에 소개하도록 했습니다. 아이들은 대화를 통해 서로의 가족 상황이나 취미, 관심 분야, 음악 취향, 미래의 목표 같은 것들을 알게 되었습니다. 두 번째 시간에는 모르는 사람과 대화를 시작하는 방법, 눈 맞춤의 중요성(대화를 나눌 때 '이상적'인 것은 상대방과 80퍼센트 정도 눈을 맞추는 것이다), 비언어적 메시지의 이해, 사람들 속에서 긴장을 푸는 법, 부정적인 생각을 긍정적인 생각으로 바꾸는 법, 비난에 대한 두려움을 극복하는 법, 불안했던 경험을 '흘려보내는 법' 등 사회적 불안과 관련된 여러 가지 문제들을 다뤘습니다. 아이들이 장애를 극복하도록 돕고 정신적·사회적으로 성숙하도록 이끌어주려고 했습니다.

'흘려보내는 법'은 공황장애와 광장공포증 치료를 위해 오스트레일리아의 신경정신과 의사이자 현대 불안치료의 선구자 클레어 위크스(Claire Weekes)가 개발한 것으로, 특히 리치에게 많은 도움이 되었습니다. 그녀는 자신의 책에서 이 기법을 설명하고 있는데, 다음과 같은 4단계로 진행됩니다.

✿ 불안을 흘려보내는 법

1. 직면하기 : 두려운 상황을 회피하거나 도망가지 않는다.

2. 받아들이기 : 불안을 거부하거나 맞서 싸우는 대신 있는 그대로 받아들이는 태도를 취한다.

3. 흘려보내기 : 불안한 와중에 편안하게 숨을 쉬며 마음을 진정시킨다.

4. 시간 보내기 : 시간이 지나면 불안했던 경험이 진정된다는 것을 믿는다.

이 방법은 마음을 편히 갖는 기술이 갖춰져 있어야 효과를 볼 수 있고 역시 연습이 중요합니다. 가장 좋은 방법은 안전하고 편안한 상황일 때 마음을 편히 갖는 연습을 하는 것입니다. 하루에 몇 분씩 서너 차례 정도 아주 편안히 쉬는 시간을 갖도록 합니다. 연습을 많이 하면 그냥 '편히 쉰다'는 생각만 해도 심호흡을 한두 번 정도 하고 실제로 몸이 편안해지는 것을 느낄 수 있습니다. 호흡은 더욱 깊고 느려질 것이며, 근육은 이완될 것이고, 마음은 차분히 가라앉을 것입니다. 마음을 편히 갖는 연습을 하면 한참 불안한 상태일 때도 큰 효과를 볼 수 있습니다.

치료 기간 중, 앤드류는 청년 문화 프로그램에 참여해 아프리카에서 한 달을 보냈습니다. 그곳에서 그는 세계 각지에서 모인 젊은이들을 만났고 현지의 전통 음악도 배울 수 있었습니다. 그룹 치료 덕분에 불안증을 겪는 사람이 자신만이 아니었다는 점을 알게 된 앤드류는 상태가 좋아져서 다음 가을 학기 때 다시 복학했습니다. 이후, 앤드류의 어머니는 혼자만의 세계에 갇혀 있던 앤드류가 세상으로 나올 수 있게 해줘서 감사하다는 편지를 보냈습니다. 주로 음악을 통해 다른 사람과 관계를 맺기 시작한 앤드류는 좀 더 성숙해지고 있었습니다.

공황장애와 분리불안이 함께 있어요 ___

분리불안은 어린 아이들에게 흔히 나타나며 정상인 경우가 많습니다. 하지만 청소년이 되어서도 그렇다면 문제가 있는 것이죠. 좀 자란 아이들 중에도 여전히 부모처럼 자신이 의지하는 사람과 떨어지는 것을 불안해하는 아이들이 있습니다. 한편 어떤 아이들은 충격적이거나 스트레스가 심한 일을 겪은 뒤에 분리불안을 갖게 되기도 합니다. 열세 살인 애덤도 이런 경우였습니다.

불안이 심각한 열세 살 애덤

애덤은 부모와 떨어지는 것을 견디지 못했다. 학교도 못 갔고, 친구 집에도 못 갔으며, 일상생활을 하는 데도 문제가 있었다. 늘 집에만 틀어박혀 있으면서 극도로 불안해했다. 불안이 너무 심해서 잠시 나와 대화를 나누기 위해 엄마가 상담실 밖으로 나가는 것조차 참지 못할 정도였다. 내가 처음으로 가진 의문은 애덤의 삶이 왜 이 상태에서 멈춰버렸는가 하는 것이었다.

첫 평가 결과, 애덤은 최근 가족과 떨어지는 생각만으로 공황발작을 일으킨 적이 있다는 것이 밝혀졌다. 아이는 가슴이 두근거리고, 몸이 떨리고, 메스껍고, 피부에 열감이 느껴지고, 땀을 흘리고, 잠을 잘 못 자는 등 일반적인 공황장애 증상을 모두 보이고 있었다. 안전한 사람, 특히 엄마와 떨어지는 것을 거부하는 것은 결국 혼자 있을 때 사람들 앞에서 발작을 일으키면 어쩌나 하는 두려움 때문이었다. 학교와 사회적인 접촉을 피하는 것은 공황장애의 한 부분인 광장 공포증의 특징이었다. 공황장애를 겪고 있는 다른 사람들과 마찬가지로, 애덤은 이런 충격적인 증상이 나올지 모르는 모든 상황들을 회피하기 시작했다.

그러나 애덤은 자신의 불안증을 극복하고자 하는 의지가 강했다. 정상적인 생활을 하고 싶어 하는 마음이 간절했고, 특히 친구들과 운동을 하지 못하는 것에 대한 실망이 컸다. 몇 차례 다른 의사와 치료사를 만나 약물 치료까지 받아봤지만 어떤 것도 성공하지 못했다.

불안장애는 대개 스트레스로 유발된다. 애덤의 경우는 학교에서 심각한 괴롭힘을 겪었던 것 같았다. 몇몇 아이들이 사물함 앞에서 주먹으로 애덤의 배를 친 적도 있었고, 학교버스에 세게 부딪힐 만큼 밀쳐놓고 욕하며 조롱한 적도 있었다. 애덤이 왜 목표물이 되었는지는 분명하지 않지만 내 생각에 애덤은 음악과 과학에 소질을 보이는 뛰어난 학생이었기 때문인 것 같았다. 그 아이들의 말대로 하자면 애덤은 '재수 없는 아이'였다. 이유가 어쩌됐든, 이런 일이 자주 일어나자 애덤은 학교생활을 불안해하고 안전에 큰 위협을 느꼈다.

다른 가족과 운동 경기를 보러갔다가 힘든 일을 겪은 적도 있었다. 갑자기 불안해진 애덤은 집에 가고 싶어 했지만, 버스 기사는 돌아갈 수 없다며 집에 전화하라고 공중전화 앞에 아이를 내려놓고 가버렸다. 애덤은 몇 시간 만에 엄마에게 연락을 할 수 있었고, 결국 엄마가 데리러 왔다.

애덤은 유치원 때도 분리불안 증세가 있었다. 한번은 다른 주에 사는 할머니 댁에 갔을 때였는데 아이가 너무 불안해하고 아무리 애를 써도 진정되지 않자 결국은 집에 데려다 줘야 했던 적도 있었다. 그 일이 있은 뒤에는 상태가 좋아져서 중학생이 될 때까지 정상적으로 발달할 수 있었다.

애덤은 영리하고, 의욕도 강하고, 시간도 충분했기 때문에 상담 치료와 병행해서, 어른들을 위한 셀프헬프 프로그램을 집에서 숙제처럼 시켰습니다. 이것은 불안에 대한 교육, 마음을 편히 갖는 훈련, 인지 패턴의 변화, 탈감각화 등 불안 치료의 모든 것을 다루는 체계적인 학습 과정이었습니다. 애덤에게 날마다 숙제를 내줬고, 이런 기술들을 규칙적으로 연습하게 했습니다.

진행 속도는 느렸지만 드라마틱한 변화들이 생겼습니다. 애덤은 엄마와 떨어져 지내는 능력을 회복했고 덕분에 엄마는 직장에 복귀했습니다. 또 혼자서도 상담하러 올 수 있게 되었고, 잠도 잘 잤으며, 불안을 일으키는 횟수도 줄었습니다. 후반부 치료 때 애덤은 이런 말을 했습니다.

"이 치료는 원하는 것을 얻지는 못하지만 내가 하던 행동에 대해 배울 수 있는 정말 놀라운 기회인 것 같아요."

2주쯤 뒤 애덤의 엄마는 이런 소식을 알려왔습니다.

"모든 게 다 잘 되고 있어요. 애덤은 여섯 살 때 학교에 입학한 이후로 가장 행복해 하는 것 같아요. 정말 큰 선물이에요. 우리 가족 모두를 위해 얼마나 잘 된 일인지 몰라요."

사회적으로 정상 궤도에 오르고 있던 애덤은 이렇게 말했습니다.

"친구들이 팍팍 늘고 있어요."

아이는 다시 운동을 할 수 있게 되었고 밴드 활동까지 시작했습니다. 하지만 애덤이 엄마, 아빠에게 화를 내서 힘들었던 시기도 있었습니다. 아이 말대로 하자면 '빨리 회복하도록 자신을 몰아 부친다'는 것이었습니다. 불안장애가 있는 아이들 대부분이 그렇듯, 애덤에게 중요한 것은 다시 일상적인 생활을 시작하는 것, 즉 자신이 택한 모험을 스스로 통제하고 있다는 기분을 느끼게 해주는 것이었습니다. 자신은 아직 준비가 안 되어 있는데 엄마, 아빠가 둘이서만 외식을 하고 싶거나 학교에 빨리 다닐 수 있게 되기를 바라는 등 너무 많은 것을 기대한다는 느낌이 들면 애덤은 몹시 불안해했습니다.

다시 학교에 다니는 것은 신중한 계획과 지원이 필요한 일이었습니다. 애덤의 부모는 제 의견을 물었습니다. 애덤이 어느 학교에 다니게 되던 다음 사항들을 신중히 고려하라고 알려줬습니다.

✿ **재능 있는 학생을 위한 교육 프로그램 :** 애덤이 지금과 같이 의욕적인 모습을 계속 유지하게 하려면, 능력에 따른 개별 학습 프로젝트, 또 그 결과를 창의적인 방식으로 발표하게 하고 새로운 기술을 선보이게 하는 등 지적인 능력을 발휘할 기회가 필요하다.

정서적으로 안전한 환경 : 애덤은 자신의 외모, 지적 능력, 관심 분야 등에 대한 또래들의 비난과 놀림에 강하게 반응하는 민감한 아이이다.

신체적으로 안전한 환경 : 애덤은 공격적인 아이들로부터 신체적, 심리적으로 안전하다는 확신이 필요하다. 학교 측은 관계자들이 모두 모인 자리에서 아이들이 지켜야 할 행동 규칙을 명확히 정하고 반드시 지키게 해야한다.

비교적 적은 학급 규모 : 한 반의 인원수가 적으면 위에 제안한 사항들이 더 잘 지켜질 수 있고, 애덤이 사회와 학업 면에서 잘 적응하고 있는지 확인하는 것도 용이하다.

학교와 부모 사이의 정기적인 연락 : 부모는 치료를 위해서라도 아이의 학교생활을 잘 알고 있어야 한다.

애덤의 치료가 끝나고 4년 뒤, 나는 그들 가족으로부터 한 통의 편지를 받았습니다. 그들은 유럽에 살고 있었습니다. 애덤은 날마다 시내버스를 타고 학교에 다니면서 모든 학교생활에 열심히 참여했고, 믿기힘들만큼 활발한 사회생활을 누리고 있었습니다. 그리고 애덤의 부모는 이렇게 덧붙였습니다.

"겉보기에 애덤은 자신의 삶을 주체적으로 살아가는 씩씩한 청년 같지만, 지금도 여전히 불안과 싸우고 있답니다. 전보다는 훨씬 안정적이고 집중하는 시기를 보내고 있지만, 여전히 낯선 상황에 처하면 공황 상태에 빠지곤 합니다."

애덤은 미국으로 돌아와 나를 만나고 싶어 한다고 했죠. 나중에 다시 애덤을 만났을 때, 그는 대학 입학을 앞두고 있었고 몇 가지 결정을 내리는 것을 도와달라고 했습니다. 애덤은 중요한 결정을 내려야 할 때 잘 선택할 수 있을지 불안해했고, 우리는 함께 그 문제를 해결하기 위해 노력했죠. 그는 집을 떠나 혼자서 많은 것을 책임져야 하는 새로운 삶을 앞두고 있었던 것입니다. 다행히 애덤은 이제 대부분의 시간을 불안감 없이 지낼 수 있게 되었다고 합니다.

아이가 분리불안으로 구토공포증까지 생겼어요 ___

대학 신입생 칼라

칼라의 부모는 몇 차례 별거를 하다가 아이가 열두 살 때 결국 이혼했다. 대학 첫 학기를 다니던 중 상담을 신청한 칼라는 아직도 부모의 이혼에 따른 영향에서 벗어나지 못하고 있었다. 그녀의 증상은 전형적인 분리불안이었고, 그것은 대학 기숙사에 들어가자마자 시작됐다. 불안감이 너무 심할 때는 헛구역질이 났기 때문에 구토에 대한 불안(구토공포증)까지 생기고 말았다.

칼라는 한밤중에 공황발작을 일으켰고, 복통을 자주 호소했고, 구토공포증을 갖고 있었다. 분리불안을 의심한 것은 대학에 입학한 지 2주도 안 돼서 이런 증상들이 나타났기 때문이다. 하지만 칼라의 '세 가지 바람'을 보고 부모의 이혼이 그녀의 불안에 큰 역할을 했다는 것을 알게 되었다. 칼라가 바라는 세 가지는 이것이었다.

"모든 공포증에서 벗어나는 것."
"아빠가 돌아와서 부모님이 다시 재결합 하는 것."
"내가 무엇을 하든 늘 행복해지는 것."

두 번째 바람에서 알 수 있듯, 칼라는 부모가 이혼한 지 6년이나 된 그때까지도 그 문제를 해결하지 못하고 있었다. 자신이 안전하다는 생각은 사라진 지 오래였다. 또 집을 떠나 대학에 다니는 것은 정상적인 사람에게도 상당한 스트레스가 될 수 있는 상황인 만큼, 그녀의 불안감은 더욱 커져갔다.

칼라는 개별 치료와 약물(졸로프트), CHAANGE 프로그램을 병행하는 것으로 불안을 극복하는 데 큰 효과를 봤습니다. 그녀는 불안감이 왜 생기는지 알게 되었고, 자신의 생각과 감정, 신체적인 증상들을 통제할 수 있는 여러 가지 기술을 배웠습니다. 원래 칼라는 자주 집에 가서 자고 왔지만(아빠 집과 엄마 집을 번갈아서), 치료를 시작한 뒤에는 곧 기숙사에 머무를 수 있게 되었습니다. 또 전에는 최대한 적게 먹는 것으로 구토에 대한 불안을 억누르려 했지만, 치료를 받고 나서는 정상적인 식사를 할 수 있게 되었습니다.

약물 치료와 심리 치료를 병행하는 경우는 각각의 효과를 구분하기 어려울 때가 많습니다. 그러나 불안 치료에 대한 연구들을 보면, 약물은 상담 치료가 동반될 때 그 효과가 더욱 높아집니다. 불안이 재발할 가능성도 상담 치료와 약물 처방이 같이 진행될 때 훨씬 낮아집니다. 칼라 역시 약물을 같이 처방하면서 치료가 더욱 효과를 본 경우였습니다. 약을 먹으면 신체적인 불안 증상이 완화돼 치료에 필요한 에너지를 낼 수 있게 되기 때문이죠. 대개 밤에 잘 자서 낮 동안 정신이 맑으면 치료에 집중하고 새 기술을 연습하기가 훨씬 쉬워집니다.

대학생들은 치료에서 권하는 것들을 꾸준히 지키지 못하는 경우가 많습니다. 과제도 많고 읽어야할 책들도 늘 밀려 있어 스트레스가 크기 때문입니다. 또 대학에 들어가면 여러 가지 활동에 참여하게 되고 약속도 많이 생기기 때문에 불안이 좀 나아졌다 싶으면 곧 치료를 중단해버리기도 합니다. 사실 불안을 극복하는 것은 오랜 시간이 필요합니다. 조바심을 갖지 말고 꾸준하게 치료를 계속해야 합니다.

범불안장애가 건강에 관한 불안까지 키운 경우 ___

늘 배가 아픈 이반

열네 살 때 이반은 엄마가 췌장암으로 죽어가는 것을 무기력하게 보고만 있었다. 이반이 할 수 있는 일은 곧 죽음을 앞둔 엄마의 손을 잡고 편안히 안심시켜주는 것뿐이었다. 그리고 이런 생각을 했다. "내가 더 열심히 노력하면 엄마를 살릴 수 있을지 몰라."

엄마가 돌아가시자 이반은 극심한 불안감에 빠졌고, 어른이 되어서도 나아지지 않았다. 마흔 두 살이 되어 나를 찾아왔을 때 그는 과민성 대장증후군 진단을 받은 상태였다. 스트레스를 받거나 긴장하거나 불안해지면 대장이 불편해지는 증상이었다.

첫 면담 때 이반은 자신을 "잔걱정이 많은 사람"이라고 표현했다. 그는 돈, 일(그는 치과의사였다), 결혼, 건강 등 많은 것들을 끊임없이 걱정한다고 했다. 어머니의 죽음을 겪은 뒤 건강을 염려하는 버릇이 생겼고, 이에 따른 스트레스로 대장에 문제가 생긴 뒤부터는 죽음에 대한 공포까지 갖게 되었다. 이반의 증상은 심리적인 문제가 원인인 것이 틀림없었다. 즉, 심리적인 스트레스가 신체 증상으로 나타난 것이다.

범불안장애가 있으면 대개 그렇듯, 이반은 걱정과 긴장감 때문에 잠드는 것을 무척 힘들어 했다. 식욕을 잃어 잘 먹지 못하니 계속 몸이 말라갔고 기운도 없었다.

치료를 시작해 보니 이반은 여러 가지 불안 특성을 갖고 있었습니다. 자신을 표현해 보라는 질문에 그는 "극도로 민감하다", "다른 사람의 기분에 신경을 쓴다", "완벽주의적인 성향이다", "긴장을 풀기가 어렵다", "강박증이 있다", "삶의 균형점을 찾는 것에 실패했다" 같은 말들을 썼습니다.

이 내용을 근거로, 이반이 두 가지 불안장애에 시달리고 있다고 진단했습니다. 하나는 범불안장애였고 또 하나는 건강 상태와 관련된 불안

(과민성 대장증후군)이었습니다. 그의 치료 목표는 밤에 잘 자는 것, 신체 증상을 개선하는 것, 걱정에서 벗어나게 하는 것으로 잡았습니다.

이반은 어머니의 죽음에 대해 무의식적인 죄책감을 갖고 있었습니다. 그래서 불안을 치료하고 극복하는 과정이 더욱 복잡했죠. 그는 자신이 어머니를 살리지 못했기 때문에 평생 참회하는 삶을 살아야 한다고 생각했습니다. 어머니가 암을 앓았던 부위에 그가 이상 증상을 느끼는 것은 우연의 일치라기보다, 그 부분의 고통을 겪으면서 어머니와 가까이 있는 기분을 느낄 수 있기 때문인 것 같았습니다. 이런 문제들이 치료 중 조금씩 드러나기 시작했고, 한번은 이반이 이런 말을 했습니다.

"내 어머니는 왜 내가 열네 살 때 돌아가셨을까요? 그때 나는 정말 겁이 났고, 혼란스러웠고, 밤에 실수까지 했습니다. 그걸 받아들이기 위해 평생 애쓰다 내 삶을 다 보내버린 것 같습니다. 어머니의 고통은 나의 고통이 되었습니다. 돌아가실 때 나는 어머니 곁에 있었고 죽음을 멈추게 하기 위해 노력했어요. 그 이후 나는 마음을 편히 가질 수 없었고, 나도 문제가 생길까 봐 늘 두려웠습니다. 어머니의 죽음은 내 삶에 엄청난 영향을 끼쳤습니다. 나의 삶은 이미 그때 멈춰버렸을지도 모릅니다."

이반은 자신의 불안과 관련이 있는 무의식적인 부분을 의외로 잘 꿰뚫고 있었고, 어머니의 죽음에 대한 불합리한 죄책감까지 인지하고 있었습니다. 하지만 그는 중요한 것을 놓치고 있었죠. 이반은 어머니가 돌아가시기 전 그녀에 대해 품었던 부정적인 생각과 감정, 또 어머니의 죽음을 막지 못한 것에 대해 자신을 용서해야 했습니다. 사실 이반은 어머니로부터 학대를 받으며 살았고, 엄마에게서 벗어날 수 있기를 바랐습니다. 그의 경우는 학대를 받으면서도 부모에게 애착을 느끼며 잘하고 싶어 하는 많은 아이들의 심리, 그리고 유대가 가진 강력한 힘을 잘 보여줍니다. 그의 민감한 성향과 자신도 아플 거라는 두려움도 어머니의 고통을 이어받는 데 한몫 했습니다.

이반은 여섯 차례에 걸쳐 개별 치료를 받았습니다. 또 그룹 치료도 권했습니다. 그의 불안을 이해할 수 있는 사람들의 생각을 들으면 많은 도움이 될 거라고 생각했고, 같은 아픔을 가진 사람들과 함께하는 시간을 통해 사람에 대한 신뢰도 생길 수 있을 것 같았기 때문이죠. 치료는 성공적이었고 이반은 마음을 열고 자신의 관점을 바꿀 수 있게 되었습니다. 대장증후군 증상도 상당히 좋아졌고요. 또 몸이 조금만 아파도 병일 거라는 생각을 하지 않게 되었습니다. 마지막 치료 날, 그는 앞으로도 계속 도움을 받고 공동체 의식을 느낄 수 있는 한 모임에 들어가게 되었다고 했습니다.

생각 습관을 바꾸면 의외로 빨리 나을 수 있습니다 ___

사업가 크리스토퍼

크리스토퍼는 35년 동안이나 매사에 걱정하는 버릇이 있었다. 그역시 어릴 때 겪은 상실감 때문에 불안증을 갖게 된 경우였다.

크리스토퍼는 한 강연회에서 내가 불안에 대해 강의하는 것을 듣고 전화를 걸었다. 당시 마흔 살이었던 그의 문제는 늘 원치 않는 생각과 걱정을 달고 사는 것, 특히 재정 문제와 결혼 생활에 대한 걱정이 끊이지 않는 것이었다. 그는 자기가 하는 사업이 실패할 수 있다는 생각을 자주 했고, 아내가 다른 남자를 만날까 봐 전전긍긍해했다. 사실 그는 자기 분야에서 상당한 성공을 이뤘으며 결혼생활도 탄탄하고 안정적으로 보였다.

첫 면담을 하면서, 크리스토퍼가 열 살 때 아버지가 갑작스럽게 돌아가셨다는 것을 알게 되었다. 아버지의 죽음은 너무나 큰 충격이었고 가족 모두가 힘들었다고 했다. 엄마와 네 형제는 가장을 잃고 수입도 끊긴 상태에서 어떻게 살아야 할지 몰라 망연자실했다. 크리스토퍼가 다 자랄 때까지 집안 사정은 계속 어려웠는데, 그것 때문에 그가 더욱 열심히 노력해서 성공한 것이 아닌가 하는 생각이 들었다.

첫 번째 면담을 마치면서 나는 그에게 어떤 불안 증상이 있고, 왜 그런 증상을 갖게 되었는지 생각해보라는 과제를 냈습니다.

"내가 보기에 당신은 평생 또 다른 끔찍한 상실을 기다리며 사는 것 같습니다. 뭔가가 잘못되기를 기대하고 다음에 일어날 재앙을 바짝 경계한 채 살고 있어요. 아버지가 돌아가시고 집안 사정이 어려워지면서부터 시작된 것으로 보입니다. 하지만 당신은 일어날 가능성이 없는 일들을 걱정하고 있어요. 그런 일이 일어나지 않도록 실제로 열심히 노력하고 있잖아요. 당신의 강한 직업윤리를 보더라도 걱정하는 일이 일어날 가능성은 희박합니다. 새롭게 생각하는 습관을 가지면 그런 걱정에서 벗어날 수 있을 것입니다. 가령 명백한 증거가 없는 한 아무 문제없다는 식으로 생각하는 것이죠."

크리스토퍼는 몇 차례 더 상담 치료를 받았지만, 두 번째 시간부터 이미 덜 불안해했고 훨씬 긍정적인 모습을 보였습니다. 그는 변화된 태도를 반영하듯 이런 말을 했습니다.

"지금 노력 중인 계약이 성사되지 않더라도 현재 진행되고 있는 건은 많습니다. 최악의 상황도 그리 나쁘지는 않아요. 각지에서 연락을 받고 있기 때문에 어렵지 않게 다시 시작할 수 있을 것 같습니다."

그런 다음 그는 이렇게 덧붙였습니다.

"뭔가 잘못 되기를 기다리고 있다는 선생님 말씀에 정신이 번쩍 들었습니다. 정말 그러고 있었거든요. 그 말씀이 저를 치료한 것 같습니다. 그 사실을 깨닫자 걱정이 사라졌습니다. 더 이상은 그런 걱정을 할 필요가 없어졌어요. 감사합니다."

불안장애가 오래되면 치료과정도 오래 걸립니다 ___

특이한 강박장애를 앓는 로베르토

어릴 때부터 아버지에게 신체적인 학대를 당한 로베르토는 30여 년이 지나서야 치료를 시작했다. 처음에 그는 극심한 외상후스트레스장애(PTSD)와 사회공포증, 강박장애를 갖고 있었고 말도 더듬었다. 그의 자존감은 당연히 심각하게 훼손된 상태였고, 늘 수치심에 사로잡혀 있었다. 로베르토가 보이는 강박장애 증상은 좀 특이했다. 그는 각종 병뚜껑과 치약 뚜껑이 잘 닫혀 있는지 계속 확인했다. 학교에 다닐 때는 집중하는 데 문제가 있어서 영리하고 창의적인 두뇌를 가졌음에도 고등학교를 간신히 졸업했다. 각각 3년과 2년씩 두 번의 결혼생활을 했지만 그의 인간관계는 순탄치 않았다. 그가 가진 불안증이 장기적인 관계를 방해하는 것 같았다.

로베르토에게는 인지행동치료(CBT)와 심리분석 치료를 같이 진행했습니다. 그는 마음을 편히 갖는 법을 배웠는데, 그 덕분에 전반적인 긴장감이 많이 줄고 말을 더듬는 것도 좋아졌습니다. 생각의 변화("뚜껑이 열려 있어도 나쁜 일은 일어나지 않아")는 강박적인 행동을 멈추게 하는 데 효과적이었습니다.

치료사와 환자의 관계 자체도 그의 불안을 줄이는 데 많은 도움이 되었죠. 상담해주는 나를 통해 권위 있는 남성을 신뢰하고 안전한 기분을 갖게 되면서, 아버지에 대한 두려움을 극복할 수 있었습니다. 그래서 불안한 마음을 떨쳐버린 채 1년에 서너 번 정도 부모님을 만나기 시작했습니다. 로베르토는 거의 9년 동안 치료를 받았는데 나중에는 한 달에 한 번씩만 치료를 받고도 좋아진 상태를 유지할 수 있었습니다.

그는 자신의 인생을 구해준 것이 음악이라고 했습니다. 십대 때 집을 나온 그는 오랫동안 기타를 연주하며 살았습니다. 그는 음감이 아주 뛰어나서 듣기만 해도 음을 익힐 수 있었죠. 놀랍게도 그는 비틀스의 노래를 거의 모두 칠 수 있었고, 그 외에도 연주할 수 있는 곡들이 매우 많았습니다. 그는 강박적일 만큼 완벽하게 한 곡 한 곡을 연습하면서 위안을 느꼈고, 덕분에 불안이 아닌 다른 생산적인 일에 몰두할 수 있었습니다. 가끔 우리 둘은 기타를 가져와서 치료가 끝나면 같이 여러 곡들을 치며 시간을 보내기도 했습니다.

　로베르토는 또 영적인 생활을 통해 학대의 상처를 극복하기 위해 노력했습니다. 그는 늘 공부하고 날마다 기도했습니다. 그렇게 충격적인 어린 시절을 겪었는데도, 그는 보기 드물게 긍정적이고 낙관적이었으며 다른 사람들에게 영감을 주는 존재였습니다.

불안을 극복한 아이의 밝은 미래

내가 이 책을 쓴 목적은 두 가지입니다. 하나는 아이들이 겪는 스트레스와 불필요한 불안감을 막도록 돕기 위해서고, 또 하나는 불안을 극복하는 과정 중인 아이들과 그 가족들을 돕기 위해서입니다. 불안감을 이해하는 데 도움이 될 만한 여러 가지 예들과, 불안감을 일으키는 다양한 내적·외적 요인들, 그리고 부모와 아이들이 실천할 수 있는 구체적인 방법들을 제시하고자 노력했습니다. 이런 정보들이 원하는 바를 이루는 데 도움이 되길 바랍니다.

개인적으로 또 직업에 따른 경험을 통해 알게 된 것은, 불안은 충분히 치료할 수 있다는 것입니다. 이 책에 제시된 정보와 조언들을 충실히 따른다면 앞에 소개된 사례들처럼 치료에 성공할 가능성이 매우 높습니다.

아이가 이런 도움을 통해 불안장애를 이겨내고 있다는 것은 어떻게 알 수 있을까요? 불필요한 걱정이 사라지면 아이의 삶은 어떻게 바뀔

까요? 이에 대한 짧은 답으로 이 책을 마무리할까 합니다.

불안을 극복한 아이들은 긴장하지 않고, 미래에 대한 걱정을 덜 하며, 다른 사람들과 함께 있는 것을 점점 편하게 받아들입니다. 또 자존감이 높아지고 사람들과 훨씬 효과적으로 의사소통을 할 수 있게 됩니다. 스트레스를 관리하는 기술을 익히고 건강을 위한 좋은 습관을 갖게 되면서, 훨씬 생기 넘치고 건강한 모습을 보이게 될 것입니다. 해보지 않은 일들에 도전하게 되고 실수나 창피당하는 것, 남에게 비난 받는 것을 크게 두려워하지 않습니다. 그리고 자신이 만족하고, 즐겁고, 행복해질 수 있는 일들을 하게 될 것입니다. 불안을 이겨내는 기술은 자신의 꿈을 마음껏 펼치고, 진정한 자아를 찾고, 삶의 의미와 목적을 찾을 수 있는 기회도 열어줄 것입니다.

이 책이 조금이나마 도움을 주어 불안으로 고통받는 모든 부모와 아이들이 위와 같은 결과를 얻게 되길 진심으로 바랍니다.

민감하고 내성적인 아이를 위한 모든 것

불안한 내 아이 심리처방전

초판 1쇄 발행 2017년 7월 24일
초판 3쇄 발행 2023년 7월 20일

지은이 폴 폭스먼
옮긴이 김세영
펴낸이 정용수

편집장 김민정 **편집** 김민혜
디자인 김민지 **일러스트** 김수옥
영업·마케팅 김상연 정경민
제작 김동명 **관리** 윤지연

펴낸곳 ㈜예문아카이브
출판등록 2016년 8월 8일 제2016-000240호
주소 서울시 마포구 동교로18길 10 2층
문의전화 02-2038-3372 **주문전화** 031-955-0550 **팩스** 031-955-0660
이메일 archive.rights@gmail.com **홈페이지** ymarchive.com
인스타그램 yeamoon.arv

한국어판 출판권 ⓒ ㈜예문아카이브, 2017
ISBN 979-11-87749-35-6 (03590)